网络赢生手记

Photoshop
数码照片处理入门与应用

环博文化　编著

机械工业出版社

精美的照片令人爱不释手，动人的画面让人耳目一新。随着数码相机的日益普及，数码照片的后期制作也越来越受到人们的重视。而作为照片处理方面的主流软件，Photoshop 既可以用来设计图像，也可以对图像进行修改和处理，还可以配合其他设备进行输入和输出，如打印机、刻录机等。只要掌握好学习的步骤和方法，Photoshop 很快就会成为网络兼职的最佳助手。

本书定位于平面数码照片处理设计初学者，适合网络兼职平面设计师学习使用。书中内容以一个平面设计初学者的学习过程来安排各个知识点，并融入大量操作技巧，让读者能学到最实用的知识，迅速掌握 Photoshop 的使用方法。本书适合各类培训学校、大专院校、中职中专作为相关课程的教材使用，也可供平面设计人员学习和参考。

图书在版编目（CIP）数据

Photoshop 数码照片处理入门与应用 / 环博文化编著. —北京：机械工业出版社，2013.1

（网络赢生手记）

ISBN 978-7-111-39597-3

Ⅰ．①P…　Ⅱ．①环…　Ⅲ．①图象处理软件　Ⅳ．①TP391.41

中国版本图书馆 CIP 数据核字（2012）第 203771 号

机械工业出版社（北京市百万庄大街 22 号　邮政编码 100037）

策划编辑：丁　诚

责任编辑：丁　诚　刘敬晗　时　静

责任印制：乔　宇

保定市中画美凯印刷有限公司印刷

2013 年 1 月第 1 版·第 1 次印刷

184mm×260mm · 11.75 印张 · 289 千字

0001—4000 册

标准书号：ISBN 978-7-111-39597-3

　　　　　　ISBN 978-7-89433-754-2（光盘）

定价：49.00 元（含 1CD）

前　　言

为了能让读者迅速掌握相关应用软件的使用方法，实现网络兼职进行网赚的目标，特为广大读者推出了这套《网络赢生手记》丛书。本丛书针对热门实用的行业选择简单易学的软件，按从入门到精通的进程精心选择实例进行编写，其宗旨就是让读者全方位掌握相关软件的应用，为广大读者提供掌握计算机应用技能的捷径。丛书的版式新颖，知识与实例相结合，为读者节省了学习的时间。

本套丛书的特点总结如下：

融会行业知识，
内容丰富实用，
精选商业实例，
提高动手技能。

本书介绍的是应用于平面照片处理行业的 Photoshop 软件，使用该软件可以对照片进行很多处理。本书所选实例均源自实际的应用，制作过程突出理论知识为基础，创意与实用性并行。

全书共有 9 章。

第 1 章 Photoshop CS5 数码处理基础和网络商机。通过这一章的讲解可以使读者学会如何凭借平面设计技能在网络上赚取第一桶金。Photoshop 是优秀的图像处理软件之一，是集图像扫描、编辑修改、图像制作、广告创意、图像输入与输出于一体的图形图像处理软件，深受广大平面设计人员和电脑艺术设计爱好者的喜爱。

第 2 章 快速掌握 Photoshop CS5 处理技能。本章主要从 Photoshop CS5 的工作界面开始初步讲解，随后对图像文件的基本操作、像素与分辨率、调整图像尺寸、Photoshop CS5 的快捷键、更改图片大小等基本内容做了详细讲解，为读者对数码照片处理的学习打下很好的基础，希望读者慢慢跟随我们的讲解进入数码照片处理的课堂。

第 3 章 数码照片常用处理方法。数码照片要在网上发表或洗印出来，有必要进行简单处理。利用 Photoshop 可以对照片进行一定的后期处理，如自动调整对比度、照片裁剪、照片尺寸调整、修正照片红眼缺陷、照片批处理等。

第 4 章 照片色彩色调处理。本章主要讲述平面设计中的颜色模式、色彩和色调等相关知识，同时借用商业应用的四个实例的制作步骤，来说明色彩知识的运用技巧。通过本章的学习，读者可充分掌握色彩知识的基础，为后面对数码照片的进一步处理做好铺垫。

第 5 章 人物照片美化处理。本章将从照片编辑、蒙版、滤镜等方面，详细而具体地阐述人物照片的美化过程。

第 6 章 照片常用特效处理。本章主要讲述了利用 Photoshop 对照片进行特殊处理的常用工具，如通道工具、滤镜工具等，并结合实例做了详细而明确的阐述。

第 7 章 结婚相册的设计与处理。本章主要讲述一些结婚照片的拍摄以及照片的导入与处理等相关知识，读者学习后，一定能制作出令人艳羡的结婚相册。在其中，Photoshop 软件中的相关工具就大有作为。利用 Photoshop 对照片导入、处理以及设计合成，个性化的结婚相册就成了永远的珍藏。

第 8 章 宝宝相册的设计与处理。本章对照片的导入、处理、合成设计等方面做了详细阐述，以便读者快速掌握。相册设计应该从宝宝相片自身的性质、理念等方面出发，应用恰当的创意和表现形式来展示宝宝个人的风采和魅力，这样相册才能给人留下深刻的印象。

第 9 章 数码照片后期制作与光盘刻录。本章重点阐述如何快速利用 Photoshop 进行打印和刻录以及建立网上相册等知识，以实现数码照片的精彩呈现。Photoshop 还可以配合其他一些设备进行输入和输出，如打印机、刻录机等。只要掌握好学习的步骤和方法，Photoshop 很快就会成为网络兼职的最佳助手。

本书由环博文化的技术团队编写而成，陈益材、朱明岭负责主编策划工作，王亚非、张勇、朱文军、叶芳、孙楠、隋丽、刘蔚萱、高雨、张学军等参与了编写工作。由于编者水平有限，加之创作时间仓促，本书疏漏之处在所难免，欢迎各位读者与专家批评指正。

编者

目录·····

网上赚钱
=
最小的投入
+
最大的收获

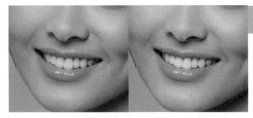

第7章 结婚相册的设计与处理

第8章 宝宝相册的设计与处理

第9章 数码照片后期制作与光盘刻录

第1章

Photoshop 数码
处理基础和网络商机

Photoshop 是优秀的图形图像处理软件之一，集图像扫描、编辑修改、图像制作、广告创意，图像输入与输出于一体，深受广大平面设计人员和电脑艺术设计爱好者的喜爱。在网络盛行的时代，网赚已经成为人们日常生活的一部分，而利用 Photoshop CS5 进行数码处理在其中占据着很大市场。为此，本章分别对 Photoshop CS5 数码照片处理网赚入门基础、数码照片处理的基础要点、数码照片的导出进行了详细讲解。通过这一章的讲解可以使读者学会如何凭借平面设计技能在网络上赚取第一桶金。

网上赚钱
=
最小的投入
+
最大的收获

1.1 数码照片处理网赚入门基础

随着数码的不断普及，数码相机已经走进千家万户。而在数字化的今天，随着人们欣赏水平的提高，人们对照片的质量和效果提出了新的要求。不少初级用户反映：数码相机拍摄出来的图片暗淡、欠缺活力、噪点多、景深浅（特别在微距模式下）、偏色等。针对这些数码相片的缺点，需要对其进行相应的处理，此时 Photoshop CS5 就可大显身手了。然而用 Photoshop CS5 对数码相片的处理不是所有人都掌握的，而是需要有这方面知识的人去处理，这就为设计师们提供了机会，随着互联网的发展，这种机会就更加多了。网赚兼职可以保障自身收入不减，还能最大限度地获得挣更多钱的机会。要想实现网赚的目的，还需要了解这方面的相关知识。本章主要对网络兼职、网络兼职的分类，以及从 Photoshop CS5 角度去寻找网络商机等方面做些说明。现在，如果想不劳而获，就打消网赚的念头吧，只有不断的努力与不懈的坚持才能取得成功。

1.1.1 网络兼职简介

网络兼职是一个比较新兴的词语。虽然之前"网络"和"兼职"是分开来使用的，但随着网络的发展，兼职的平台已经延伸到了网络中，并且蓬勃发展，日新月异。网络兼职就是利用无所不在的互联网，让用户的时间和才华繁殖钱！随着"信息高速公路"在全球迅猛发展，国际互联网不断延伸，计算机日益普及，B2B、B2C 等电子商务已在全球遍地开花，并取得了令人瞩目的成就。在家中轻点鼠标进行网上购物和网络办公已不是什么新鲜事，这无形中在向人们宣告"E 时代"的来临。

网络兼职具体做的是什么？如何才能更好地发展？什么样的项目才适合自己？也许只有当用户了解过、尝试过才能下结论。因为网络中的行业已经不再单一，很多实体经济与网络的联系已经密不可分。当前较流行的几个行业大致有免费网赚、网上开店、广告联盟、威客。免费网赚（如点击网赚、邮件网赚、冲浪网赚等）应该算是网络中最早以广告形式出现的项目。不过这已经是很过时与落后的网赚方式了，现在此类网赚骗子太多，赚钱少，已经不适合网民参与。网上开店（如淘宝、有啊、拍拍等都是国内不错的开店平台）成功者也不在少数。广告联盟（如谷歌联盟、百度联盟等）依托网站流量来赚取收益，需要一定的建站技术。威客是指那些通过互联网把自己的智慧、知识、能力、经验转换成实际收益的人，他们在互联网上通过解决科学、技术、工作、生活、学习中的问题来让知识、智慧、经验、技能体现经济价值。这种方式是当下最为有效的网赚方式之一。

1.1.2 网络兼职分类

网络兼职商机所涵盖的种类可以分为很多种，大体上可以总结如下。

1．网站站长网赚

网站站长网赚是指通过建立自己的网站，为广告主在自己的网站上投放广告，增大网站的访问量，最后将其转化为收益。目前这种模式在互联网上最突出的代表就是"站长联盟"，通过广告联盟赚钱被认为是既简单又正规的网赚方法之一。

2．参加调查网赚

现在的互联网有很多提供市场调查的平台。一些需要进行市场调研的企业，如需要进行产品的试用调查，一般都会委托专业的中介平台来进行市场调研，因为这些专业的中介平台有会员基础，得出的数据也比较真实。中介平台会以有偿的形式将问卷发送给网民，网民只需要填写一些相关的数据，在提交成功之后即可获得收入。参加调查网赚的优点是比较稳定，缺点是获得的报酬相对比较低。

3．点广告网赚

点广告中大奖是现在很多网站平台主打的一种营销制度，其目的是将一些硬性的广告投入转换成钱或者礼品反馈给参与点击和关注的用户。这种网赚的模式一般是广告商将需要投入的广告费用转换成积分，用户每天参与点击，如果能帮助推广即发送有效的邀请链接邀请其他人参与便可以获得相应的积分，最后用点击的积分和推荐的积分兑换产品或者现金。有些推荐下线（被邀请并参与的用户即为原用户的下线）的营销模式可以得到 50%或者 100%的提成。点广告网赚的优点是操作容易，缺点是其模式容易造成超支原定的推广费用，也许还没有兑换完所有的积分，该活动就关闭了。

4．参与投票网赚

参与投票网赚是指用户参与任务主发放的投票任务，也就是给主要竞争者投票，使竞争者获得胜利的一种方式。举个例子说明，现在电视上有很多的网络投票 PK 赛，比如最受欢迎的电影、明星排行榜以及各选秀节目等，票数的高低直接影响到参与者的利益。为了获取更大的利益，竞争者就要获得更多的票数。于是一些竞标者就会到投票网站花钱发布投票任务，找一些"粉丝"去给竞争者投票，拉人气，投票者完成任务后便可获得一定报酬。参与投票网赚的优点是，由于竞争的激烈，获胜方的投票者报酬会较高；缺点是如果竞争者失利，投票者往往会拿不到应得的报酬。

5．代理冲浪网赚

代理冲浪是指用户在相应的网站注册成为会员，然后下载一个类似 QQ 的专业网上冲浪工具，用户在打开计算机时要将冲浪工具置为在线状态，按小时计酬。有个别网站还要求要一直登录其网页进行冲浪。代理冲浪网赚的优点是操作容易，不影响正常的上网，缺点是加入的人多，每小时的报酬相对较低。

6．网上代理销售网赚

提到网店，大家一定会想到淘宝、有道、拍拍等知名 C2C 电子商务平台。早几年的情况是大家一哄而上做自己的网店销售产品，而现在有很多聪明人都只做信息流，即代理别人网上的产品，只做销售定单，将定单转发给代理的店主，从中赚取利润差。网上代理销售网赚的优点是操作简单、风险低；缺点是货源控制没把握，如果订单下了，而所代理的店又已经没有产品了，容易出现信用降权的问题。

7．游戏代练网赚

现在网络游戏非常火爆，一般的大型网络游戏里，总能看到"专业游戏代练...出售游戏币..."的广告。这类网赚大多是从玩游戏慢慢变成卖游戏里的虚拟物品。游戏代练网赚的优点是娱乐与赚钱可以同时进行，缺点是需要投入大量的时间进行游戏，玩到后期会感觉比较累。

8．邮箱广告网赚

邮箱广告网赚是用户每天收取广告公司发送来的电子邮件，然后选出标有付款提示的链接，点击这些链接即可打开有广告的新页面，在新页面停留一段时间即可获得报酬。这种广告邮件通常有两种方式：一种是寄到用户的注册邮箱里；另一种是放在公司的"站内信箱"。用户可以选择其中的一种方式，也可以两种方式都选择。邮箱广告网赚的优点是业务较稳定，缺点是利润空间较小。

9. 威客任务网赚

"威客"也是当下互联网比较流行的一个名词，有专业的威客网站。用户登录威客网站查找一些最新发布的威客任务，完成任务后再去竞标，在中标之后可以拿到网站的佣金悬赏，正常情况下是标额的 80%。威客任务网赚的优点是找任务相对比较容易，缺点是竞标失败的话，前面的设计工作就付之东流。

10. 推手中介网赚

推手中介网赚是通过推手策划完善的互联网营销推广方案完成雇主们（中小企业和个人）的任务（可以是业务，也可以是人才需求）即可获得报酬。推手中介网赚的优点是为广大社会闲余劳动力创造工作机会；缺点是推手的专业程度要求比较高，需要推手具有较专业的策划和推广技能。

11. 注册会员网赚

注册会员网赚并不是指随便到一个网站公司注册即可获得报酬，它是指有选择性地通过一些中介公司推荐完成注册任务才可以获得报酬。简单地说就是一些新开张、有实力的网站为了快速扩大会员量，前期会投入一些费用进行推广，有些就直接找代理公司负责推广。这些代理公司往往用广告费制定一些推荐的营销方式，如注册获得钱、推荐会员注册获得钱。这个行业还出现了 Lead（引导注册）一词，是指注册网赚的高级形式，即引导别人注册。注册会员网赚的优点是操作简单，有人脉即可以网赚；缺点是费用较低，付出劳动却比较多。

12. 搜索代理网赚

搜索代理网赚是指赚取一些大型搜索引擎网站的费用，当然这些搜索引擎网站知名度不是很高，还处于推广期。具体的操作是搜索引擎网站会给用户一个接口的代码，用户将此段代码放到自己的网站或者网页上，如果用户的网站有会员通过此代码引导到的搜索引擎网站进行搜索，该用户便可以获得报酬。

13. 竞价拍卖网赚

竞价拍卖网赚就是指现实产品在网络中的竞价和拍卖。其方法就是通过关键词的推广，提高访问量以决定交易的形成。此类网赚的方法有别于开一个普通的淘宝店进行销售，需要在用户推广的网站上进行关键词的布局和推广，再利用信息的不对称赚取高额利润。竞价拍卖网赚的优点是技术含量很高，收入也很高；缺点是风险高，不适合新手去操作。

14. 流量类网赚

网络流量是用来标识某个网站被访问数据量的统计单位。引导那些想宣传自己网站的人来购买流量以促销自己的网赚形式即流量类网赚。在流量统计中，广告商主要通过两种方式得到客户的访问以满足宣传者的需求：

1）进行流量交换，即互相点击观看对方的网站。

2）会员挣钱，当交换不能满足需求的时候，可以通过浏览别人的网站来赚点，点再转换为钱来作为报酬。

流量类网赚主要就是指上述第二种类型。

1.1.3　寻找网络商机

　　要通过处理 Photoshop 数码相片来做网络兼职，现在最流行的就是威客网。威客的英文就是 witkey，Witkey 由 wit（智慧）和 key（钥匙）两个单词组成，也是 The key of wisdom 的缩写，是指那些通过互联网把自己的智慧、知识、能力、经验转换成实际收益的人，他们在互联网上通过解决科学、技术、工作、生活、学习中的问题而让知识、智慧、经验、技能体现经济价值。目前国内的威客网站众多，例如：猪八戒威客、威客中国、任务中国、K68 威客等等。

　　下面我们通过介绍猪八戒威客网来让大家了解如何通过威客网达到网络兼职的目的。

　　⊙ STEP 1　打开浏览器，在浏览器的地址栏中输入猪八戒威客的网址 "http://www.zhubajie.com"，如图 1-1 所示。

■图 1-1　登陆猪八戒网站

　　⊙ STEP 2　在首页右侧单击"登录"按钮。如未注册可单击"登录"按钮旁边的"免费注册"按钮进行注册。在用户登录页面中的"账号"和"密码"文本框内输入账号和密码。然后单击"登陆"按钮登陆，如图 1-2 所示。

■图 1-2　会员登录

　　⊙ STEP 3　回到首页后可在页面左上角看到个人已经登录的信息。现在我们寻找适合自己的任务。单击"任务大厅"选项卡，如图 1-3 所示。

■图1-3 单击"任务大厅"

⊙ STEP 4 在"任务大厅"页面中选择"所有分类"选项卡，如图1-4所示。

■图1-4 单击"所有分类"

⊙ STEP 5 在"所有分类"页面中选择自己适合的任务类型，这里选择"应用设计"选项，如图1-5所示。

■图1-5 单击"应用设计"

STEP 6　在"应用设计"中选择"图片编辑"选项，如图 1-6 所示。

■ 图 1-6　单击"图片编辑"

STEP 7　在"图片编辑"页面中可看到各种任务及悬赏金额等信息，大家可进行选择，如图 1-7 所示。

■ 图 1-7　选择任务

通过以上步骤大家可基本了解如何在威客网上选择任务了。买家的所有需求都是通过"任务"的形式发布的，完成任务后，被买家选择为中标就可以获得报酬。现在就去"任务列表"挑选任务吧！

1.2 数码照片处理的基础要点

随着人们生活质量的提高，相机也渐渐走进每个家庭，现在大多数家庭越来越多的是在使用数码相机。数码相机的使用自然少不了数码照片的处理，本章就对数码相机的简介、数码照片的存储格式、数码照片处理基本概念、数码照片的处理原则等进行了详细讲解，以便读者深入地了解数码照片处理的基础要点。

1.2.1 数码相机简介

数码相机是利用电子传感器把光学影像转换成电子数据的照相机，也称为数字式相机。数码相机最早出现在美国，早在 20 多年前，美国曾将其应用于卫星之上，将卫星所拍摄的数据转换成电子数据传回地面再复原成照片。数码相机的主要部件是电荷耦合器件（CCD）图像传感器，使用高感光的半导体材料制作而成，能把光线转成电荷，通过模数转换器芯片转成数字信号，数字信号经过压缩之后再由相机内部的存储器保存，可以实现与计算机的交互。

外观上看，数码相机和传统相机并没有太大的区别，一样由镜头、取景框、快门、闪光灯等组成，如图 1-8、图 1-9 所示。从图中可以看出传统的相机显得太复杂了，有很多的配件，而数码相机看起来轻盈小巧。

■图 1-8 传统相机

■图 1-9 数码相机

传统相机使用胶卷作为其记录信息的载体，而数码相机的"胶卷"就是其成像器件，而且是与相机一体的，是数码相机的心脏。数码相机使用光敏元件作为成像器件，将图像中的光学信息转化为数字信号。

目前光敏元件主要有两种：其一是广泛使用的电荷耦合器件（CCD），其二是互补金属氧化物半导体器件（CMOS）。数码相机的分辨率是指相机中光敏元件的数目。在相同分辨率下，CMOS 比 CCD 便宜，但 CMOS 光敏器件产生的图像质量要低一些。

数码相机的用户可以说是覆盖了所有行业的所有应用，对于个人用户来说，数码相机主要应用于旅游、生活留念等方面；对于单位用户，最主要用于工作所需的拍摄，其次用于产品介绍及广告设计、新闻采访、桌面排版以及建筑方面的装潢设计。随着数码相机技术的快速发展以及其价格的不断下降，数码相机的应用将越来越普及。

■1.2.2　数码照片的存储格式

随着数码照片应用的普及化，很多数码用户开始关心数码照片的存储格式。数码照片有很多种存储格式，比如 JPEG 格式、TIFF 格式、RAW 格式、GIF 格式、BMP 格式或 DIB 格式、CAM 格式、FLASHPIX 格式、PCX（DCX）格式、EPS 格式等，其中 RAW 格式、TIFF 格式和 JPEG 格式是使用最频繁的三种。如此之多的存储格式，我们该选择哪种是需要仔细了解的。

1．JPEG 格式

JPEG 格式是数码相机用户非常熟悉的存储格式。下面我们来看看这个大众化存储格式的一些特色。

JPEG（也称 JPG）是一种有损压缩存储格式，它主要针对彩色或灰阶的图像进行大幅度的压缩。实际上我们平常似乎只注意到 JPEG 对于彩色方面的压缩处理，事实上，在图像处理制作中，JPEG 对于灰阶部分的处理也是一个常用的操作。

JPEG 的压缩率比起无损压缩格式的 PNG 或者 PCX 来说，其文件大小通常只有后者的 1/10 或更小。

JPEG 的图像压缩原理是利用了空间领域转换为频率领域的概念，因为人类的眼睛对高频的部分较不敏感，因此，这个部分就可以用大幅压缩、较粗略的方式来处理，以达到让文件更小的目的。

数码相机拍摄的 JPEG 照片，会自动在文件嵌入一个 Meta 信息(一般附加在文件"属性"的摘要上)，也就是文件的 EXIF 信息，目前的标准是 EXIF2.2(也就是 EXIFPrint)。新的 EXIFPrint 包含了完整的拍摄参数信息及与色彩吻合的参数，除了可以提供可靠的信息之外，在打印时可以达到让色彩更加一致化的目标。含有上述 EXIF 信息的 JPEG 照片，会增大文件容量较多(正常是在 2~6KB 之间)，在处理图像的时候，如果希望减少文件大小，可以删除 EXIF 信息。

JPEG 格式的照片的优势是显而易见的，就是存储速度快、拍摄效果高、兼容性好。

2．TIFF 格式

一般来说，如果拍摄的数码照片是用于印刷出版的话，那么采用非压缩格式的 RAW 和 TIFF 格式的照片最好，特别是 TIFF 格式。目前许多消费级的数码相机都带有 TIFF 格式拍摄功能，而低端数码相机几乎都不具备 RAW 格式拍摄功能。对于出版印刷来说，从使用数码相机拍摄到后期处理，都应该一直保持 TIFF 格式。如果用数码相机拍摄的是 JPEG 格式的照片，在后期处理的时候才存储为 TIFF 文件，那么对于影像品质的提升是没有什么作用的。

那么 TIFF 格式的优点在哪些地方呢？ TIFF 是 Tagged Image File Format 的简称，也是一种非破坏的存储格式。对于一般用户而言，TIFF 留给他们最深刻的印象就是其较大的文件占用空间。不过 TIFF 还具有以下一些优点。

其一，我们前面说过的 RAW 文件需专用的软件才能够导出读取，而 TIFF 是一种被广大图像处理软件普遍支持的格式；其二，在 TIFF 文件的文件头，可以记载数码照片的分辨率，甚至可在照片内放置多个图像(例如包含一个较小的预视图)，因此，TIFF 文件对于排版软件是相当便利的，不过正是由于 TIFF 格式的大包容性，使得它的体积也很大。

在照片存储为 TIFF 格式时，不但包含了 RGB 三个基本色层，还记载了一个被称为 α 的色层，通常情况下 α 色层是一个屏蔽层，在需要背景剥离时可以借用照排软件进行剥离，例如可以使用照排软件 PageMaker 来进行操作。

不过 TIFF 格式由于体积庞大，因此占用的空间较大，存储效率显得相对较低，一般 500 万像素数码相机拍摄出来的 TIFF 格式的照片容量在 10M 以上，存储时间也显得较长。

3. RAW 格式

普通数码相机用户平时接触的都是 JPEG 或者 TIFF 格式的数码照片，很少接触到 RAW 格式的照片，而专业数码摄影人士最喜欢的正是 RAW 格式，这是为什么呢？

其原因就在于 RAW 格式是直接读取传感器（CCD 或者 CMOS）上的原始记录数据，也就是说这些数据尚未经过曝光补偿、色彩平衡、GAMMA 调校等处理，因此，专业摄影人士可以在后期通过专门的软件，例如常见的 PhotoShop，Ulead 的 PhotoImapct 等图像处理软件，来对照片进行曝光补偿、色彩平衡、GAMMA 调整等操作。不过 RAW 文档的导出就显得稍微麻烦一些，需要相关的配套软件来读取导出照片，而不能够被一般的图像处理软件所识别和编辑。

以原色 CCD 传感器为例，在单一的感光层必须获得 RGB 三个色光，因此，感应单元被设计成 Mosaic 的方式（也就是常见的三色过滤模式）排列，最后的结果是采集绿色光的 50% 光量，对红色和蓝色光各采集 25% 的光量。

有些读者会问，RAW 既然是非压缩非破坏性的格式，为什么 RAW 格式的照片比 TIFF 格式的照片占用的容量还要小呢？这是因为 RAW 的原始单位数据只需 8~12bit 储存，使得 RAW 文档的最后大小比 TIFF 小了许多。

在高品质要求下拍摄选取 RAW 格式存储的优势在于，其一节省存储空间（相对 TIFF 而言），其二加快拍摄效率（存储时间、单张拍摄间隔时间等）。

4. EPS 格式

EPS 格式是 Adobe 公司推出的系列图片处理软件中应用较多的图片保存格式，主要应用于高级专业性排版系统中，是一种可处理的 32 位高清照片的格式。但这种格式在数码相机拍摄保存的文件格式中几乎没有，数码相机拍摄后的照片想转成 EPS 格式也只能通过 Adobe 公司的处理软件进行转换

1.2.3 数码照片处理基本分类

按照最终照片的应用要求可将照片的处理分为 3 大类。

1）简单的图片处理，包括修复、去划痕、去红眼等基本处理，这些主要用于个人影像的简单处理。

2）合成类的较复杂处理，例如影楼里结婚相册的设计，这类处理需要多种元件叠加所产生的特殊效果，同时也包括基本处理。

3）专业类创作处理，例如二次曝光的数码处理、饱和度、色阶、对比度的调整等等。

通过上述 3 大类处理的介绍，用户应该能了解数码照片的处理并不是只掌握简单的软件操作即可，还要学会图片设计的创意。一张相同的照片经过不同的创意可以处理出几十种不同风格的效果。创作的时候一定要有自己的核心创意理念，照片最终的创意效果并不是软件本身所能创造出来的。

当然，如果想处理好照片，离开软件也是不行的，要记住一个原则：利用工具设计图

片，在处理的过程中或多或少会损失图片的质量，所以如果想得到高质量的图片，一定要少动照片。

1.2.4 数码照片处理原则

在对数码照片进行处理时，要注意以下几个原则。

原则1：拍摄时的校色比拍摄后的校色更为重要。

分析：计算机的校色功能不管如何出色，也是一种补救措施，多少都会损失一些图像像素。如果能在拍摄的时候保存更多的图像细节，再稍微做一些图像处理的话，就可以更容易地得到高质量的图像，也可以为日后更复杂的图像处理留下更多的自由空间。

原则2：编辑图片时要尽量在 RGB 模式下进行，如有必要，最后再转为 CMYK 模式。

分析：由于绝大多数图像处理软件都是以 RGB 色彩模式为内核而开发出来的，所以只有在这种颜色模式下才能发挥其最大的效能，在 RGB 色彩模式下处理图像，能够最大限度地保证图像的质量和发挥图像处理的功效。另外，由于每次在 RGB 和 CMYK 或其他色彩模式间转换都会造成一定的像素流失，多次转换自然会降低图像的质量，所以应该尽量避免在多种色彩模式下的重复转换。聪明的做法就是在编辑图片的时候，要尽量保持在 RGB 色彩模式下进行，最后再转换为 CMYK 色彩模式输出图像。

小技巧

Lab 色彩模式中所定义的色彩最多，这些色彩质量的保证与光线及设备无关，并且处理速度与 RGB 色彩模式同样快，比 CMYK 色彩模式要快很多。当 Lab 色彩模式在转换成 CMYK 色彩模式时，色彩不会发生丢失或被替换，因此在 RGB 色彩模式和 CMYK 色彩模式之间转换的时候，如果能把 Lab 色彩模式作为转换的"中转站"，就可以把因为模式转换而产生的像素损失减少到最低。具体的操作就是，先把 RGB 色彩模式转换成 Lab 色彩模式再转换成 CMYK 色彩模式。

原则3：避免大幅度的色相和色阶调整

分析：虽然 Photoshop 等图像处理软件给了我们很大的方便，但是我们也知道过多的运用一些颜色调整功能会对图像质量带来一定影响，因此尽量避免过于频繁或者大幅度的使用色相和色阶调整才是明智的做法，这样才能更好地保证图像输出的品质。

原则4：尽量使用 Photoshop 中的"曲线"功能和具有矢量特性的图像处理工具。

分析："曲线"是一个调整图像色阶范围的工具，相对于 Photoshop 中其他的色阶工具来说，它更灵活有效，更重要的是它对图像的像素损失也比较小。

我们知道，矢量图形具有可被无限放大的特性，使用具有矢量特性的工具有助于保证图像的品质，同时也能使我们的操作更灵活、更利于修改。

原则5：尝试多种处理效果前养成备份图像和即时存盘的习惯。

分析：Photoshop 等图像处理软件都有图像撤销功能，它会保留之前的操作历史记录以备撤销之用。但是若设置保存太多的历史记录，就会占用计算机里更多的缓存空间，使计算机的速度变慢，并且要受到记录次数的限制。所以我们应该养成做某种效果尝试前，先做好备份图像的习惯。

在 Photoshop 中有一个方便的功能"快照"，它相当于将历史记录相对固定下来。如果要恢复步骤超过了历史记录的许可范围，那么"快照"的功能就能派上用场了。

在处理数码照片时，我们通常会遇到相当大的文件，为了更好地保护"成果"，我们一定要养成随时存盘的习惯，否则一旦计算机突然死机，就回天乏术了。

1.3　将数码照片导入计算机

随着数码技术的盛行，越来越多的人都会简单地使用相关软件处理数码照片。人们用数码相机拍下照片后，想要对照片进行处理时，首要任务就是将照片导入计算机，然后才能进行编辑。下面我们就来讲解如何将相机中的照片导入计算机。

1.3.1　采集数码照片

把数码相机连接到计算机的步骤如下。

▶ STEP 1　取出数码相机配备的 USB 电缆，将电缆的一端插到计算机的 USB 接口上，如图 1-10 所示。

■ 图 1-10　USB 接口连接主机

▶ STEP 2　将 USB 电缆的另一端插到相机的 USB 接口上，如图 1-11 所示。这样硬件的连接就完成了。

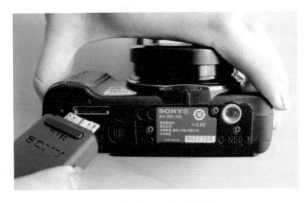

■ 图 1-11　将另一端插到相机上

注意

连接好以后就可以把数码相机中的相片导入计算机中了，由于操作系统的不同，输入的方法也是不一样的。Windows 2000 以上的操作系统能自动识别 USB 接口的硬件，所以使用起来很方便。这里介绍如何在 Windows XP 下进行相片的导入操作。

◉STEP 3　将连接好的数码相机打开，双击"我的电脑"，打开"我的电脑"对话框，选择"可移动磁盘"卷标，则可以打开数码相机所在的驱动器，如图 1-12 所示。

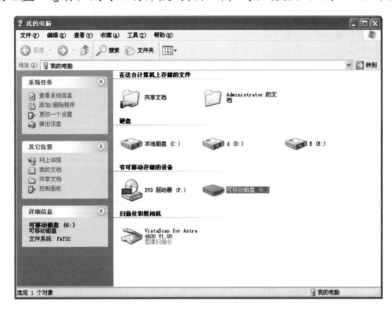

■图 1-12　找到"可移动磁盘"

◉STEP 4　选择相片所在的文件夹，一般相片都在"DCIM"文件夹中，如图 1-13 所示。

■图 1-13　找到"DCIM"文件夹

Photoshop 数码处理基础和网络商机

STEP 5 DCIM 文件夹中有两个文件夹，照片就存放在两个文件夹当中，如图 1-14 所示。

■图1-14 文件夹

STEP 6 双击打开"102MSDCF"文件夹，可看到照片，如图 1-15 所示。

■图1-15 找到数码照片

1.3.2 数码照片的导出

确定找到了数码相机存储的图片，下面我们将把图片复制到计算机中。具体步骤如下。

⊙ STEP 1 用鼠标全选中需要采集的照片，然后单击鼠标右键，弹出快捷菜单，执行"复制"命令，如图 1-16 所示。

■图 1-16 复制图片

⊙ STEP 2 选择存放数字相片的磁盘和文件夹，单击工具栏中的"粘贴"按钮，如图 1-17 所示。

■图 1-17 粘贴图片

⊙ STEP 3 这样图片就复制过来了，如图 1-18 所示。

■ 图 1-18　复制完成

第2章

快速掌握 Photoshop 处理技能

Photoshop CS5 在处理照片的时候，具有强大的功能。本章主要从 Photoshop CS5 的工作界面开始讲解，随后详细讲解图像文件的基本操作、像素与分辨率、调整图像尺寸、Photoshop CS 的快捷键、更改图片大小等基本内容，为读者对数码照片处理的学习打下很好的基础，希望读者慢慢跟随我们的讲解进入数码照片处理的课堂，快速掌握 Photoshop CS5 的处理技能。

2.1 Photoshop CS5 功能简介

Photoshop 是 Adobe 公司开发的图像设计和处理软件，它是一个集图片扫描、编辑修改、图像设计、平面创意、图像合成、图像输入/输出、网页制作和切片于一体的专业图形处理软件，可以说是平面设计兼职人员的首选工具。处理后的照片也可以通过 Photoshop 输出到打印机上进行打印，还可以出片应用到印刷领域。

2.1.1 Photoshop CS5 新增功能

Photoshop CS5 标准版适合摄影师以及印刷设计人员使用，Photoshop CS5 扩展版除了包含标准版的功能外还添加了用于创建和编辑 3D 和基于动画的内容的突破性工具。下面我们先来看一下 Photoshop CS5 标准版的一些新增功能特性和增强的功能特性。

1. 轻松完成复杂选择

单击鼠标就可以选择一个图像中的特定区域。轻松选择毛发等细微的图像元素；消除选区边缘周围的背景色；使用新的细化工具自动改变选区边缘并改进蒙版，如图 2-1 所示。

■ 图 2-1 复杂选择

2. 内容感知型填充

删除任何图像细节或对象，并静静观赏内容感知型填充神奇地完成剩下的填充工作。这一突破性的技术与光照、色调及噪声相结合，删除的内容看上去似乎本来就不存在，图 2-2 所示为将海滩上的海星处理掉的效果。

■图2-2 内容识别

3. 操控变形

对任何图像元素进行精确的重新定位，创建出视觉上更具吸引力的照片。例如调整大象的鼻子到理想的位置，如图2-3所示。

■图2-3 操控变形

4．CPU加速功能

充分利用针对日常工具、支持 GPU 的增强。使用三分法则网格进行裁剪；使用单击擦洗功能进行缩放；对可视化更出色的颜色以及屏幕拾色器进行采样，如图 2-4 所示。

■图 2-4　屏幕拾色器

5．出众的绘图效果

借助混色器画笔（提供画布混色）和毛刷笔尖（可以创建逼真、带纹理的笔触），将照片轻松转变为绘图艺术效果，如图 2-5 所示为增加弹击效果。

■图 2-5　绘图效果

6. 自动镜头校正

镜头扭曲、色差和晕影自动校正可以帮助用户节省时间。Photoshop CS5 使用图像文件的 EXIF 数据，根据用户使用的相机和镜头类型做出精确调整，如图 2-6 所示。

■ 图 2-6　自动校正

7. 简化的创作审阅

使用 Adobe CS Review（新的 Adobe CS Live 在线服务的一部分）发起更安全的审阅，并且不必离开 Photoshop。审阅者可以从他们的浏览器将注释添加到您的图像，您的屏幕上会自动显示这些注释，如图 2-7 所示。

■ 图 2-7　简化创作审阅

8. 更简单的用户界面管理

使用可折叠的工作区切换器，在喜欢的用户界面配置之间实现快速导航和选择。实时工作区会自动记录用户界面的更改，当您切换到其他程序再切换回来时面板将保持在原位，如图 2-8 所示。

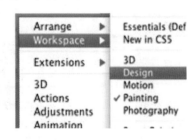

■ 图 2-8　简单界面管理

9. 出众的 HDR 成像

借助前所未有的速度、控制和准确度创建写实的或超现实的 HDR 图像。借助自动消除叠影以及对色调映射和调整更好的控制，您可以获得更好的效果，甚至可以令单次曝光的照片获得 HDR 的外观，如图 2-9 所示。

第 2 章　快速掌握 Photoshop 处理技能

■图 2-9　HDR 成像

10．更出色的媒体管理

借助更灵活的分批重命名功能轻松管理媒体，使用 Photoshop 可自定义的Adobe Mini Bridge 面板在工作环境中访问资源，如图 2-10 所示。

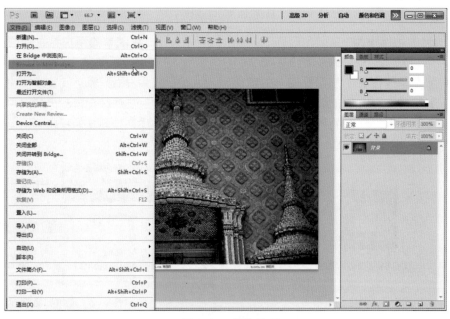

■图 2-10　媒体管理

11．最新的原始图像处理

使用 Adobe photoshop Camera Raw 6 增效工具无损消除图像噪声，同时保留颜色和细节；增加粒状，使数字照片看上去更自然；执行裁剪后暗角提高控制度等，如图 2-11 所示。

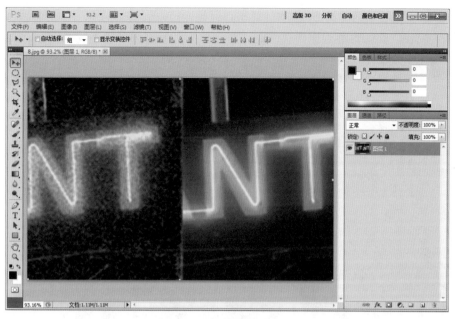

■图 2-11 原始图像处理

12．增强高效的工作流程

由于 Photoshop 用户在工作时经常会有大量的功能处理，为了提高工作效率。Photoshop CS5 新增加了很多功能，如自动伸直图像，从屏幕上的拾色器拾取颜色，同时调节许多图层的不透明度等，如图 2-12 所示

■图 2-12　增强高效的工作流程

13．增强更出色的跨平台性能

充分利用跨平台的 64 位支持，加快日常成像任务的处理速度并将大型图像的处理速度

提高十倍之多（需要一台支持 64 位的计算机，运行 64 位版的 Mac OS、Microsoft Windows 7 或 Windows Vista。实际性能根据内存、驱动程序类型和其他因素的不同而异。）。

14．增强出众的黑白转换

能够尝试各种黑白外观。使用集成的 Lab B&W Action 交互转换彩色图像；更轻松、更快地创建绚丽的 HDR 黑白图像；实现各种新预设，如图 2-13 所示。

■图 2-13　黑白转变

15．增强

更强大的打印选项：借助更容易导航的自动化、脚本和打印对话框，在更短的时间内实现出色的打印效果，如图 2-14 所示。

16．增强 Photoshop 软件的集成共享应用

尽享与 Lightroom 的紧密集成在Adobe Photoshop Lightroom中轻松管理、编辑和展示图像，然后返回 Photoshop 进行像素级编辑与合成。

■图 2-14　导航自动化和 Photoshop 软件的配合

2.1.2　Photoshop CS5 工作界面

要使用 Photoshop CS5，首先要了解该软件的操作界面，熟悉界面的布局及相关工具栏与浮动面板的基本应用，为以后的操作打下基础。

要启动 Photoshop CS5，执行"开始"→"程序"→Adobe Photoshop CS5 命令，就可以启动 Photoshop CS5 了，程序启动界面如图 2-15 所示。

Photoshop CS5 的工作界面由"菜单栏"、"标题栏"、"选项栏"、"工具箱"、"浮动面板"、"状态栏"和"文档窗口"组成，如图 2-16 所示。

■图 2-15　Photoshop CS5 的启动界面

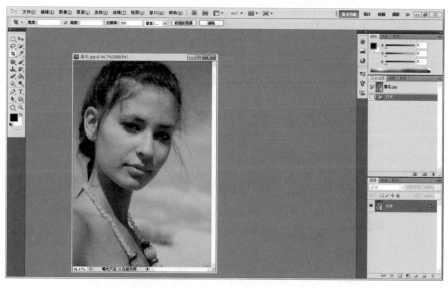

■图 2-16　Photoshop CS5 的工作界面

1．菜单栏

Photoshop CS5 的菜单栏位于工作界面的上端，如图 2-17 所示。菜单栏通过各个命令菜单提供对 Photoshop 的绝大多数操作以及窗口的定制，包括"文件"、"编辑"、"图像"、"图层"、"选择"、"滤镜"、"视图"、"窗口"、"帮助"。

文件(F)　编辑(E)　图像(I)　图层(L)　选择(S)　滤镜(T)　视图(V)　窗口(W)　帮助(H)

■图 2-17　Photoshop 的菜单栏

2．标题栏

Photoshop CS5 的标题栏位于菜单栏的右侧，如图 2-18 所示。主要显示软件图标和常用快捷图标。

■图2-18　标题栏

3.选项栏

选项栏即工具选项栏。用于对相应的工具进行各种属性设置。在工具箱中选择一个工具，工具选项栏中就会显示该工具对应的属性设置，如在工具栏中选择了"裁切工具"，工具选项栏的显示效果如图2-19所示。

■图2-19　选项栏

4.工具箱

工具箱在初始状态下一般位于窗口的左端，也可根据自己的习惯拖动到其他的地方。利用工具箱所提供的工具，可以进行选择、绘画、取样、编辑、注释、移动和查看图像等操作。还可以对背景色和前景色进行修改，使用不同的视图模式，如图2-20所示。

5.浮动面板

浮动面板是大多数软件比较常用的一种浮动方法，它能够控制各种工具的参数设定，完成颜色选择、图像编辑、图层操作、信息导航等各种操作。默认情况下，面板以面板组的形式出现，位于Photoshop CS5界面的右侧，主要用于对当前图像的颜色、图层、样式以及相关的操作进行设置和控制。Photoshop的浮动面板可以进行随意分离、组合和移动。如图2-21所示。

■图2-20　工具箱

■图2-21　浮动面板

6. 状态栏

状态栏位于 Photoshop 文档的底部，用来显示当前图像的各种参数信息以及当前所用的工具信息，如图 2-22 所示。

66.67% | 曝光只在 32 位起作用

■图 2-22 状态栏

7. 文档窗口

在 Photoshop 中，新建或打开一个图像文件就会显示其操作文档窗口，对该图像的所有操作都在该操作文档窗口中完成。当在 Photoshop 中新建或打开多个文件时，图像标题栏显示 Photoshop 彩色 Logo 为当前文件，所有操作只对当前文件有效。如果想操作其他的窗口，可以单击任何一个窗口，该窗口将变成当前窗口，如图 2-23 所示。

眉毛.jpg @ 66.7%(RGB/8#)

66.67% | 曝光只在 32 位起作用

■图 2-23 文档窗口

2.1.3 图像文件的基本操作

了解了 Photoshop CS5 的工作界面后，下一步就要了解文件的新建、打开以及图像的置入等基本知识。下面将分别予以介绍。

1. 创建新文件

创建新文件的方法非常简单，执行菜单栏中的"文件"→"新建"命令，弹出"新建"对话框，如图 2-24 所示。在其窗口中可对所要建立的文件进行各种设置。

2．打开文件

要编辑或修改已存在的 Photoshop 文件或其他软件生成的图像文件时，可根据需要在下面的几种方法中选择一种最方便的打开方式。

（1）打开

执行菜单栏中的"文件"→"打开"命令（快捷键〈Ctrl+O〉），弹出"打开"对话框，选定要打开的文件后，在打开对话框的下方会显示该图像的缩略图，如图 2-25 所示。

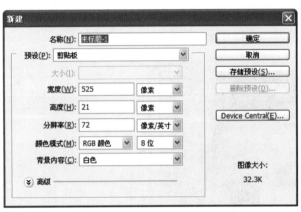

■ 图 2-24 "新建"对话框　　　　　　　　　■ 图 2-25 "打开"对话框

（2）打开为

"打开为"命令与"打开"命令的不同之处在于，该命令可以打开一些使用"打开"命令无法辨认的文件，例如某些图像从网络上下载后再保存时如果以错误的格式保存，使用"打开"命令则有可能无法打开，此时可以尝试使用"打开为"，如图 2-26 所示。

（3）最近打开文件

通常，执行菜单栏中的"文件"→"最近打开文件"，子菜单中显示了最近打开过的 10个图像文件。如果要打开的图像文件名称显示在该子菜单中，则选中该文件名即可打开，省去了查找该图像文件的繁琐操作，如图 2-27所示。

■ 图 2-26 "打开为"命令

3．存储文件

完成一张图片的处理后就需要将完成的图像进行存储，这时就可应用存储命令，在"文件"菜单下有两个命令可以将文件进行存储，分别为"文件"→"存储"命令和"文件"→"存储为"命令，如图 2-28 所示。

■图 2-27 "最近打开文件"子菜单

当应用新建命令创建一个新的文档并进行编辑后,要将该文档进行保存。这时应用"存储"命令和"存储为"命令性质是一样的,都将打开"存储为"对话框,将当前文件进行存储。

当存储已有图片时,如果不想将原有的文档覆盖,就需要使用"存储为命令"。利用"存储为"命令进行存储,无论是新创建的文件还是打开的已有图片都可以弹出"存储为"对话框,将编辑后的图像重新命名进行存储。

4. 置入图像

Photoshop CS5 可以置入其他程序设计的矢量图形文件,如 Illustrator 图形处理软件设计的 AI 格式文件,还有其他符合需要格式的位图图像。

执行菜单栏中的"文件"→"置入"命令,在弹出的"置入"对话框中选择需要置入的文件后单击"置入"按钮,如图 2-29 所示。使用上述命令可以置入 AI、EPS 和 PDF 格式的文件以及通过输入设备获取的图像。在 Photoshop 中置入 AI、EPS、PDF 或由矢量软件生成的任何矢量图形时,这些图形将自动转换为位图图像。

■图 2-28 "存储为"对话框

■图 2-29 "置入"对话框

5．图像的输入设备

图像的输入设备可以将图像数字化，从而能在 Photoshop 中进行编辑和颜色校正等。主要的图像输入设备非扫描仪莫属。扫描仪可以帮助我们日常的工作做很多的事情。现在使用的扫描仪一般都为 36 位色深的产品，分辨率一般在 600dpi×1200dpi 左右，但是是否干什么事情都需要这么高的指标呢？当然不是，有些工作对于我们的扫描仪来说是非常简单的，如果设置不当的话反而会影响工作效率。针对不同的工作，选定不同的工作状态，这样才能真正地发挥扫描仪应有的效率。下面我们就具体如何使用以及设置的技巧进行讲解。

▶ STEP 1　执行菜单栏"文件"→"导入"→"WIA-VistaScan for Astra 4600 V1.0"命令，操作如图 2-30 所示。

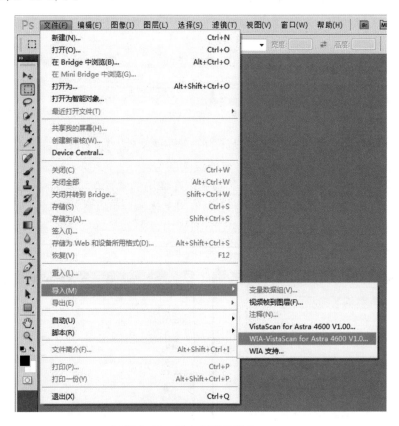

■图 2-30　导入扫描仪设备

▶ STEP 2　运行之后操控界面就出现，如图 2-31 所示。

▶ STEP 3　选择"预览"按钮，几秒钟后取景栏内就会显示出扫描的初图，如图 2-32 所示。

▶ STEP 4　所需要做的就是拖动鼠标，用虚线框住想选取的部分，扫描软件只会截取框选的画面，其他部分则会扫描不到。当然，框选的面积越大，所需要的时间也就越长。如果以扫描照片为主，300dpi 的光学分辨率就能满足要求。单击"自定义设置"，如图 2-33 所示。

STEP 5 单击"调整已扫描照片的质量"命令，如图 2-34 所示。

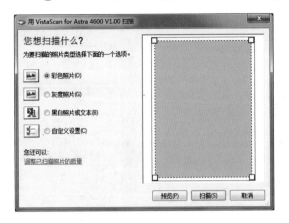

■图 2-31 "扫描仪"窗口

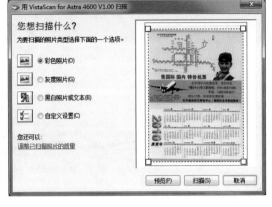

■图 2-32 预览扫描

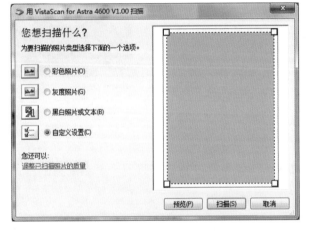

■图 2-33 选择"自定义设置"

■图 2-34 设置扫描仪选项

STEP 6 在"分辨率"输入框中输入"300"，将其设置为 300dpi 的光学分辨率来扫描。之后单击"确定"按钮，回到"WIA-VistaScan for Astra 4600 V1.0"扫描窗口。单击"扫描"后开始进行扫描，如图 2-35 所示。

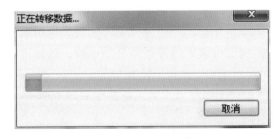

■图 2-35 开始扫描

STEP 7 一分多钟后，扫描完成，照片扫描到 Photoshop 的文档里，如图 2-36 所示。

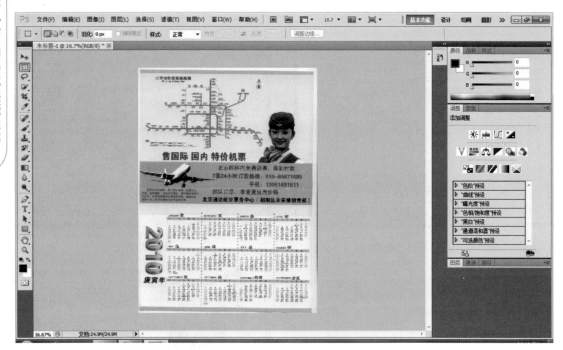

■ 图 2-36　扫描完的效果

2.1.4　像素与分辨率

在使用 Photoshop 时还要掌握一些基本概念，像素和分辨率就是两个需要掌握的基本概念。

1. 图片的像素

通常所说的像素，就是指第一章中介绍到的 CCD/CMOS 上的光电感应元件的数量。一个感光元件经过感光、光电信号转换等步骤以后，在输出的照片上就形成一个点，点就是构成影像的最小单位"像素"（Pixel）。像素又分为 CCD 像素和有效像素两种，现在市场上的数码相机大部分标示的是 CCD 像素。

2. 图像的分辨率

"分辨率"指的是单位长度中所表达或撷取的像素数目。分辨率也分为很多种，其中最常见的就是影像分辨率，通常说的数码相机输出照片的最大分辨率指的就是影像分辨率，单位是 ppi（PixelperInch）。打印分辨率也是很常见的一种，就是打印机或者冲印设备的输出分辨率，单位是 dpi（dotperinch）。这里要指出的是，一般用于网页的分辨率有 72dpi 和 96dpi 两种，而用于印刷的设计图像就要求分辨率高于 300dpi。

3. 分辨率和像素的关系

像素和分辨率是成正比的，像素越高，分辨率也越高。如 200 万像素的数码相机，最大影像分辨率是 1600×1200＝192 万像素，有效像素是 192 万；而 300 万像素的数码相机，最大影像分辨率是 2048×1536＝3145728 像素，有效像素为 314 万。所以像素越高，最大输出的影像分辨率也越高。

2.1.5 调整图像尺寸

在处理图像的时候，有时需要对图像的尺寸进行调整，以满足制作的需要。下面我们将对此进行说明。

1. 修改图像大小

在处理不同大小的照片时，有时需要重新修改图像的尺寸。图像的尺寸和分辨率息息相关，同样尺寸的图像，分辨率越高的图像就越清晰。

执行菜单栏中的"图像"→"图像大小"命令，弹出"图像大小"对话框，如图 2-37 所示。可在其中改变图像的尺寸、分辨率以及图像的像素数目。

2. 修改画布大小

修改画布大小不影响图像的尺寸，只是将画布的大小改变，一般用来增加工作区，在修改画布大小时，画布的背景颜色可以通过"画布扩展颜色"选项来修改。

执行菜单栏中的"图像"→"画布大小"命令，打开"画布大小"对话框，通过修改宽度和高度值来更改画布的尺寸，如图 2-38 所示。

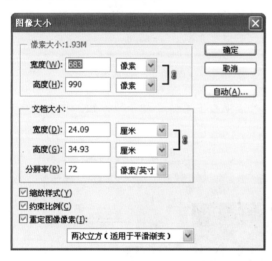

■ 图 2-37 "图像大小"对话框

■ 图 2-38 "画布大小"对话框

2.2 基本操作快速上手

以上介绍了一些 Photoshop CS5 的功能，下面我们以一张图片为例，来简单介绍一下打开与更改的步骤，让大家初步了解一下 Photoshop CS5 的操作流程。

2.2.1 打开素材图片

选中了素材图片后，应该如何打开呢？具体步骤如下。

◉ STEP 1 执行菜单栏中的"文件"→"打开"命令（快捷键〈Ctrl+O〉），弹出"打开"对话框，如图 2-39 所示。

⊙ STEP 2　选择素材图库所在的路径后，选定素材文件，如图 2-40 所示。

■图 2-39　"打开"对话框　　　　　　　　　　■图 2-40　选择素材

⊙ STEP 3　选定素材文件后，单击"打开"对话框右下角的"打开"按钮。将素材导入到工作区中，如图 2-41 所示。

■图 2-41　打开素材文件

2.2.2　更改图片大小

在我们打开素材图片后，要对它的大小进行适当调整。调整步骤如下。

⊙STEP 1　执行菜单栏中的"图像"→"图像大小"命令，弹出"图像大小"对话框，如图 2-42 所示。

⊙STEP 2　在文档大小选项组中将宽度修改为"10 厘米"。高度会按比例自动修改，如图 2-43 所示。

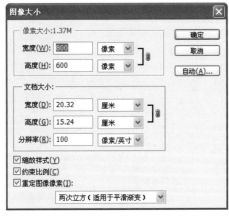

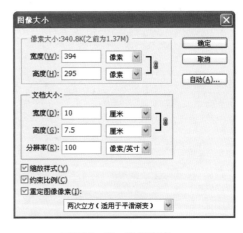

■图 2-42　"图像大小"对话框　　　　　　　　　　■图 2-43　设置高度

⊙STEP 3　修改完成后单击"确定"按钮确认。这样图片的大小就修改完成了，如图 2-44 所示。

■图 2-44　修改完成

第3章

数码照片常用处理方法

数码照片要在网上发表或洗印出来，有必要进行简单处理才好看。要处理数码照片大家就必然想到Photoshop。Photoshop 功能强大、操作简单直观。它既可以用来设计图像，也可以修改和处理图像。利用 Photoshop 可以对照片进行一定的后期处理，如自动调整对比度、照片裁剪、照片尺寸调整、修正照片红眼缺陷、照片批处理等。这些基本的图像处理功能，一般可以满足数码相机爱好者对照片的常规需要，并且操作非常简单。本章主要讲解Photoshop 图层、路径、选择工具、套索工具、魔棒工具等常用工具的使用，希望读者可以从中获益！

3.1 数码照片处理基本概念

数码照片是数码技术与照相摄影技术的完美结合体,有了数码相机,拍照就变得一点都不麻烦了。但在拍摄过程中,由于一些因素的干扰,有些拍摄出来的照片并不是很理想;或者为了某种用途,有些照片达不到要求。这时,就需要对他们进行相应的后期处理。Photoshop 是一款功能强大的图像编辑软件,它能进行色相调整、去污等,也能在照片上加点我们喜欢的字,再修饰一下。

要掌握好数码照片的处理,首先必须了解 photoshop 对数码照片处理的基本功能,然后依据这些基本功能的灵活运用,从而能够得心应手地对数码照片进行处理。下面我们将从Photoshop 图层、路径、选择工具、套索工具、魔棒工具等常用工具入手,逐一阐述,以方便读者学习!

3.1.1 Photoshop 图层概述

Photoshop 首创了"图层"这一概念,它可以说是 Photoshop 的"核心"。因为其灵活的编辑方式和丰富的效果深受用户喜爱。我们在处理数码照片的时候,很多情况下都需要用到"图层"。"图层"可以想象成由若干张包含图像各个不同部分的不同透明度的纸叠加而成。每一张纸都可称之为一个"图层"。这样便于把一幅复杂的图像分解为相对简单的多层结构,更便于共享资源和进行分级处理,同时也降低图像处理的工作量和难度。不仅如此,通过调整各层之间的混合关系,能够实现更加复杂、丰富的视觉效果,还可以在图层内进行添加蒙版、图层样式以及滤镜处理等操作。

Photoshop 的图层主要分为当前层、背景层、普通层、调整层、形状层、文字层、蒙板层和样式层,如图 3-1 所示。

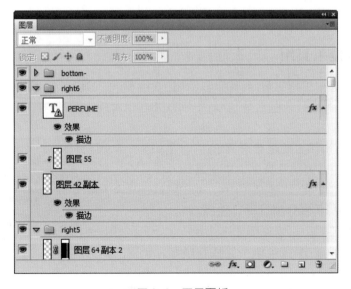

■图 3-1　图层面板

3.1.2　路径的知识

"路径"由直线和曲线组合而成。"路径"是利用"钢笔工具" 或形状工具█在"路径"面板中绘制的直线或曲线。如图 3-2 所示绘制路径和图 3-3 所示路径面板。路径其实是一些矢量线条，无论图像放大或缩小，都不会影响其平滑程度或分辨率。"钢笔工具"可以和路径面板一起工作，通过"路径"面板可以对路径进行描边、填充或将其转换为选区。

绘制路径时，单击鼠标确定的点，叫做锚点。锚点是路径上的点，当选中一个锚点时，这个节点上就会显示一条或者两条方向线，而每一条方向线的端点上都有一个方向点。曲线的大小形状都是通过方向点和方向线来调节的。

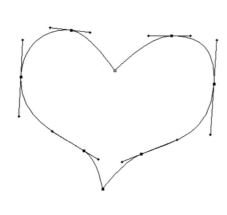

■图 3-2　绘制路径

■图 3-3　路径面板

3.1.3　选框工具组

Photoshop 的选框工具组有 4 种工具："▢矩形选框工具"、"◯椭圆选框工具"、"▦单行选框工具"和"▦单列选框工具"。对于一些外形相对规则的基础图形，可以使用选框工具来选择。

1）在默认状态下工具箱中显示的为"▢矩形选框工具"，将鼠标放在矩形选框工具上，单击鼠标并按住不放将会出现选框工具组菜单，如图 3-4 所示。拖动鼠标选择至需要使用的选框工具图标再释放鼠标即可选择。

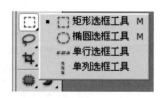

■图 3-4　选框工具组

"▢矩形选框工具"可以在图像中选择一个矩形区域。使用"矩形选框工具"在图像中单击并拖移鼠标，创建"矩形选框"，如图 3-5 所示。

2）"◯椭圆选框工具"可以在图像中选择一个椭圆区域，使用"椭圆选框工具"在图像中单击并拖移鼠标，创建"椭圆选框"，如图 3-6 所示。

■图 3-5　创建"矩形选框"　　　　　　　　■图 3-6　创建"椭圆选框"

3）"单行选框工具"可以在图像中选择一个高度为一个像素的单行区域。使用"单行选框工具"在图像中单击并拖移鼠标，创建"单行选框"，如图 3-7 所示。

4）"单列选框工具"可以在图像中选择一个宽度为一个像素的单列区域。使用"单列选框工具"在图像中单击并拖移鼠标，创建"单列选框"，如图 3-8 所示。

■图 3-7　创建"单行选框"　　　　　　　　■图 3-8　创建"单列选框"

3.1.4　套索工具组

套索工具组是一组常用的选取范围工具，该工具组包括 3 个工具，分别是"♀套索工具"、"▽多边形套索工具"和"⊵磁性套索工具"。对于一些外形不规则的图形，可以使用套索工具来选择。将鼠标放在套索工具上，单击鼠标并按住不放将会出现套索工具组菜单，工具组如图 3-9 所示。拖动鼠标选择至需要使用的套索工具图标再释放鼠标即可选择。

■图 3-9　套索工具组

1）"🔘套索工具"可以以徒手画的方式描绘不规则形状的选取区域。使用"套索工具"创建选区时按住鼠标左键拖动鼠标画出选区边框线，最后松开鼠标左键即可完成创建"套索选框"的操作，如图 3-10 所示。

■图 3-10 创建"套索选框"

2）"🔘多边形套索工具"可以在图像中选取出不规则的多边形。使用"多边形套索工具"创建选区时首先在需要选择的多边形的某个点处单击鼠标左键，确定选区的一个点。然后依次单击多边形的各个顶点以确定多边形选区的每一条边。当鼠标指针附近出现一个小圆圈时，就表示选区已封闭，此时单击鼠标即可完成选取多边形区域的操作，如图 3-11 所示。

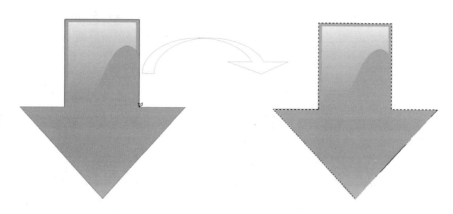

■图 3-11 创建"多边形套索选框"

3）"🔘磁性套索工具"是具有识别边缘功能的套索工具。首先在选区某处单击鼠标，确定选区的起点。然后沿选区边缘只需移动鼠标即可，当鼠标回到起点时，鼠标指针附近将出现一个小圆圈，这表示选区已封闭，此时单击鼠标即可完成选取选区的操作，如图 3-12 所示。

3.1.5 魔棒工具组

"魔棒"工具组包含了两种"魔棒"选择工具，分别是"🔘快速选择工具"和"🔍

魔棒工具"。将鼠标放在"快速选择工具"上，单击鼠标并按住不放将会出现魔棒工具组菜单，如图 3-13 所示。拖动鼠标选择至需要使用的"魔棒工具"图标再释放鼠标即可选择。

■图 3-12　创建"磁性套索选框"

1）"魔棒工具"用于选择像素相近的区域，单击图像中像素相近的区域即可载入选区范围。其范围的大小由属性栏上的"容差"值来决定。"容差"值越大所载入的选区范围越大，反之则越小。使用"魔棒工具"创建选区时首先按图像需求设置好属性栏中的"容差"值，然后在图

■图 3-13　魔棒工具组

像中需要选择的选区单击鼠标左键进行选择，如图 3-14 所示。如有需要添加选区的地方则可按住键盘上的〈Shift〉快捷键与单击鼠标左键进行添加选区操作。如果需要减少选区操作可按住键盘上的〈Alt〉快捷键与单击鼠标左键进行减少选区的操作。

■图 3-14　创建"魔棒"选区

2）"快速选择工具"可像使用画笔一样在图像中涂抹，从而快速创建选区。使用"快速选择"工具创建选区时按住鼠标左键拖动鼠标即可选中选区，最后松开鼠标左键即可完成创建选区的操作，如图 3-15 所示。如果要减少选区则同样按住键盘上的〈Alt〉快捷键与单击进行减少选区的操作。

■ 图 3-15 创建"快速选择"选区

3.1.6 变换图像

在处理图像时，常常需要对图像进行变换或旋转的操作。这样就用到了"自由变换"或"变换"选项。单击菜单栏的"编辑"，会看到"自由变换"和"变换"这两个选项，如图3-16所示。变换下面还有更多的选项可以选择，其实变换里面的功能都可以用自由变换结合快捷键的操作来实现。但是要注意对背景层使用变换功能是不起直接作用的，需要选择整个图像后才起作用。

■ 图 3-16 "自由变换"与"变换"选项

（1）"自由变换"

它可以对当前层的图像进行移动、缩放和旋转。打开图像后，执行"编辑"→"自由变换"命令，图像窗口将出现一个变换框。该变换框上有 8 个控制柄，如图 3-17 所示。拖动控制柄便可以对图像进行放大、缩小、旋转等操作。其实变换里面的功能都可以用自由变换结合快捷键的操作来实现。"自由变换"的快捷键为〈Ctrl+T〉。

（2）"变换"

它同样可以对当前层的图像进行移动、缩放和旋转。打开菜单栏的"编辑"→"变换"，其中又分为了许多功能选项，如图 3-18 所示。

■ 图 3-17 使用"自由变换"选项进行变换　　　　■ 图 3-18 "变换"选项

1）缩放："缩放"可以对图像进行缩放处理。缩放的时候，可以在角度这里通过输入"X"和"Y"坐标值设置水平位置，还可以通过设置"W"和"H"的值按照宽度和高度缩放百分比。如图 3-19 所示，进行精确的缩放。也可以拉动图像变换框的四个角，进行缩放。按住〈Shift〉键时可进行比例缩放。

2）旋转："旋转"可以对图像进行旋转处理。旋转的时候，我们可以直接在角度这里输入角度，进行精确的旋转，如图 3-20 所示。也可以拉动图像上变换框的四个角，进行旋转。同时按住〈Shift〉键进行旋转，就是按照 15 度旋转。

■ 图 3-19 设置图像"缩放"效果　　　　　　■ 图 3-20 设置图像"旋转"效果

3）斜切："斜切"可以对图像进行斜方向的变换。拉动图像上变换框的四个角对图像进行斜切变换，如图 3-21 所示。

4）扭曲："扭曲"可以对图像进行扭曲的变换。拉动图像上变换框的四个角对图像进行扭曲变换，如图 3-22 所示。

■图 3-21　设置图像"斜切"效果　　　　■图 3-22　设置图像"扭曲"效果

5）透视："透视"可以对图像进行透视。拉动四个角就可以变换不同的透视角度，调整后如图 3-23 所示。

6）变形："变形"可以对图像进行变形。PS 预置了很多变形，打开预设置的命令如图 3-24 所示。

■图 3-23　设置图像"透视"效果　　　　■图 3-24　设置图像"变形"效果

这里我们选择"凸起"，并调整其变形的属性，就得到了一个凸起的效果，如图 3-25 所示。

7）旋转：旋转这里有三种旋转方式，旋转 180 度、顺时针旋转 90 度和逆时针旋转 90 度。可以对当前图层的对象进行旋转，如图 3-26 所示。

■图 3-25　设置图像"凸起"效果　　　　■图 3-26　设置图像"旋转"角度

8）翻转：翻转有两种形式，一种是水平翻转，一种是垂直翻转，如图 3-27 所示。

■图 3-27　设置图像"翻转"效果

3.2 数码照片常用处理实例

数码照片要在网上发表或洗印出来，有必要对其进行简单处理。对数码照片进行简单处理的软件有很多，如 Photoshop 等。利用 Photoshop 对数码照片进行处理，操作简单直观，而且能够创造出许多意想不到的效果。前面我们已经介绍了 Photoshop 对数码照片进行处理的一些基本功能，下面我们将用实例来做详细的说明，希望读者可以从中受益。

3.2.1 调整倾斜的照片

在对数码照片进行处理时，我们往往要用到"裁切"、"变换"，下面我们将通过图片来做具体的阐述。通过本实例的学习，读者可以掌握 Photoshop 软件中"裁切"和"变换"的应用方法和技巧，如图 3-28、图 3-29 所示。

■图 3-28 处理前

■图 3-29 处理后

下面是具体的操作步骤。

⊙STEP 1 执行菜单栏中的"文件"→"打开"命令（或按快捷键〈Ctrl+O〉），打开素材图片"调整数码照片位置"，如图 3-30 所示。

⊙STEP 2 执行菜单栏中的"视图"→"标尺"命令（或按快捷键〈Ctrl+R〉），显示标尺，如图 3-31 所示。

⊙STEP 3 在属性栏中水平标尺中拖出一条水平"参考线"，拖到画面中靠下的位置上，如图 3-32 所示。

⊙STEP 4 按〈Ctrl+A〉快捷键，选择整个图像，执行菜单栏中的"编辑"→"自有变化"命令（或按快捷键〈Ctrl+T〉）进入"自由变换"状态，如图3-33所示。

■图3-30　打开素材

■图3-31　显示标尺

■图3-32　拖出水平参考线

■图3-33　进入"自由变换"状态

▶STEP 5　移动鼠标到图像变换框外，当鼠标出现↻时对图像进行旋转操作。旋转参照参考线进行，应使图像人物脚后面的绿色"木围栏"平行于参考线，如图3-34所示。

▶STEP 6　旋转完成后。按〈Enter〉键确认，退出"自由变换"状态。再按〈Ctrl+D〉

快捷键，取消选区。旋转效果如图 3-35 所示。

■ 图 3-34　旋转操作

■ 图 3-35　旋转后的效果

⊙STEP 7　旋转完成后，要对图像进行裁切操作。在工具箱上单击"🔲裁切工具"，在图像上拖动鼠标画出保留区域的矩形，将鼠标移动到裁切区的四个角上可对裁剪区进行细调，如图 3-36 所示。

⊙STEP 8　按下〈Enter〉键确认。如图 3-37 所示，本例的制作就完成了。

■ 图 3-36　调整裁切区域

■ 图 3-37　最终效果

3.2.2 照片边框效果

一般来说，照片冲洗前都要对其边框进行处理。在 Photoshop 软件中，照片边框的处理主要是由"画布大小"、"填充"等功能来完成。这里我们将根据具体的图片，来阐述图片边框效果的制作步骤。通过对这些步骤的学习，读者可以迅速掌握 Photoshop 软件中"画布大小"和"填充"的应用方法和技巧，如图 3-38、图 3-39 所示。

■图 3-38　处理前

■图 3-39　处理后

操作步骤如下。

▶ STEP 1　执行菜单栏中的"文件"→"打开"命令（或按快捷键〈Ctrl+O〉），打开素材图片"加边框.jpg"，如图 3-40 所示。

■图 3-40 打开素材

⊙STEP 2 执行菜单栏中的"图像"→"画布大小"命令（或按快捷键〈Alt+Ctrl+C〉），打开"画布大小"对话框，如图 3-41 所示。

⊙STEP 3 设置宽度与高度的单位为"像素"。选择"相对"选择框。设置宽度和高度值为 6 像素。画布扩展颜色默认设置为"白色"单击"确定"按钮确认，如图 3-42 所示。

■图 3-41 打开"画布大小"对话框　　　　■图 3-42 设置"画布大小"

⊙STEP 4 继续执行菜单栏中的"图像"→"画布大小"命令（或按快捷键〈Alt+Ctrl+C〉），打开"画布大小"对话框。设置宽度与高度的单位为"像素"。选择"相对"选择框。设置宽度和高度值为 2 像素。这里把画布扩展颜色设置为"黑色"，单击"确定"按钮确认，如图 3-43 所示。

⊙STEP 5 第三次执行菜单栏中的"图像"→"画布大小"命令（或按快捷键〈Alt+

50

Ctrl+C〉），打开"画布大小"对话框。设置宽度与高度的单位为"厘米"。选择"相对"选择框。设置宽度和高度值为 2 厘米。画布扩展颜色设置为"白色"，单击"确定"按钮确认，如图 3-44 所示。

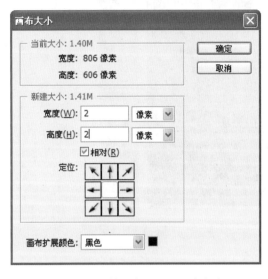

■图 3-43　第二次设置"画布大小"　　　　　■图 3-44　第三次设置"画布大小"

▶ STEP 6　完成以上操作后，查看效果，边框已经加好了，如图 3-45 所示。

■图 3-45　查看加边框的效果

▶ STEP 7　下面我们用花纹来填充边框。在工具箱中选择"　魔棒工具"，容差设置为"1"。在下面白色边框处单击进行选取，如图 3-46 所示。

▶ STEP 8　执行菜单栏中的"编辑"→"填充"命令（或按快捷键〈Shift+F5〉），打开"填充"对话框。在"内容"中将"使用"设置为"图案"，如图 3-47 所示。在"自定图案"中选择一个喜欢的图案，如图 3-48 所示。

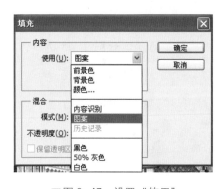

■图 3-47 设置"使用"

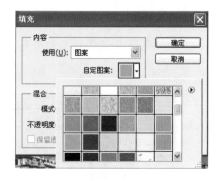

■图 3-48 设置自定图案

STEP 9 按〈Ctrl+D〉快捷键取消选区。这样本例的制作就完成了，如图 3-49 所示。

■图 3-49 最终效果

3.2.3 为人物更换背景

在对数码照片进行处理时，有时因为不满意背景，要对其进行更换。而要更换背景，Photoshop 一般是通过"快速选择工具"和"羽化"命令来完成的。这里我们将依据具体的图片来谈一谈更换背景的步骤。通过对这些步骤的学习，读者可以掌握 Photoshop 软件中"快速选择工具"和"羽化"命令的应用方法和技巧，实现的效果如图 3-50、图 3-51 所示。

■图 3-50　处理前　　　　　　　　　　　■图 3-51　处理后

操作步骤如下。

▶STEP 1　执行菜单栏中的"文件"→"打开"命令（或按快捷键〈Ctrl+O〉），打开素材图片"更换背景.jpg"，如图 3-52 所示。

▶STEP 2　按〈Ctrl+J〉快捷键复制背景层。在"背景副本"中进行下面的操作。选择工具箱中的"快速选择工具"，在"快速选择工具"的选项栏中设置大小为"6px"，如图 3-53 所示。

■图 3-52　打开素材　　　　　　　　　　■图 3-53　设置"快速选择工具"的大小

STEP 3 　使用"快速选择工具"用鼠标左键单击图片中的背景，如图 3-54 所示。如果不慎选择到了人物则选择选项栏中的"从选区减去" 在选择到人物的地方单击取消选择。如果觉得光标太大则可在选项栏中调小。得到背景如图 3-55 所示。

▉图 3-54 　选取图像　　　　　　　▉图 3-55 　从选区减去多余背景

STEP 4 　在图像中单击鼠标右键打开右键菜单选择"羽化"命令。设置羽化半径为"2"，如图 3-56 所示。

STEP 5 　在键盘上连续按〈Delete〉键 3 次，将背景清除。多次按〈Delete〉键的目的是为了把人物边缘修整齐。

STEP 6 　按〈Ctrl+D〉快捷键取消选区。执行菜单栏中的"文件"→"置入"命令，将素材图片"花.jpg"置入到图像中，如图 3-57 所示。

▉图 3-56 　设置"羽化半径"　　　　　　　▉图 3-57 　置入素材

STEP 7 　按键盘上的〈Shift〉键可以等比例对图像进行大小调整。调整置入背景的位置。这里我们只留出"花朵"的部分，如图 3-58 所示，调整完成后按〈Enter〉键确认，如图 3-59 所示。

　　图 3-58　调整置入图位置　　　　　　　　　图 3-59　确认置入图位置

⊙ STEP 8　调整置入图片的图层顺序。把"花"图层放在"背景副本"图层的下方，如图 3-60 所示。

　　图 3-60　调整图层位置

⊙ STEP 9　执行菜单栏中的"图层"→"拼合图层"命令。这样本例的制作就完成了，如图 3-61 所示。

　　图 3-61　最终效果

3.2.4　卷页效果

在对数码照片进行处理时，有时要对照片进行艺术化处理。而要对照片进行卷页效果设计，Photoshop 一般是通过"路径选项"和"多边形套索"等一系列工具来完成的。这里我们将依据具体的图片来谈一谈卷页效果设计的步骤。通过这个步骤的学习，读者可以掌握 Photoshop 软件中"路径选项"和"多边形套索"等一系列工具的应用方法和技巧。如图 3-62、图 3-63 所示图像处理前后的对比。

■图 3-62　处理前

■图 3-63　处理后

操作步骤如下：

⊙ STEP 1　执行菜单栏中的"文件"→"新建"命令，打开新建窗口。宽度设置为"504"像素，高度设置为"372"像素。分辨率设置为"72"像素/英寸。其他都为默认设置，如图 3-64 所示。

■图 3-64　新建窗口

⊙STEP 2　在工具箱中选择"▢ 矩形工具",沿全图创建一个矩形选区,如图 3-65 所示。

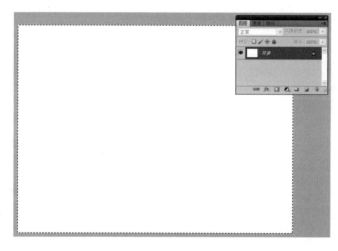

■图 3-65　创建矩形选区

⊙STEP 3　在路径选项卡中选择"从选区生成工作路径"按钮,如图 3-66 所示。

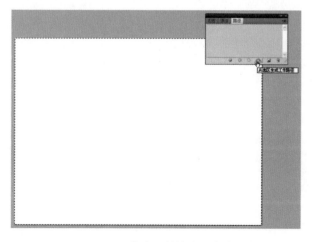

■图 3-66　将选区转换成工作路径

STEP 4　生成工作路径后，双击该工作路径弹出"存储路径"窗口，单击"确定"按钮将工作路径转变为路径 1（因为工作路径的状态带有一定的暂时性，也就是说，当再次建立其他路径形状的时候，原有的工作路径的形状就会自己消失，将工作路径转变为路径 1 将会免去这项错误的发生），如图 3-67 所示。

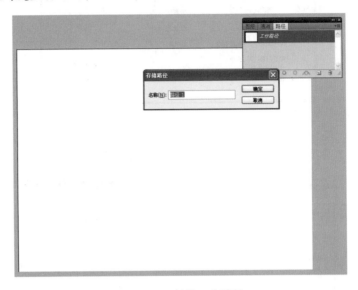

■ 图 3-67　转换工作路径

STEP 5　按住鼠标左键把"路径 1"拖曳到"创建新路径"按钮上。生成"路径 1 副本"，如图 3-68 所示。

STEP 6　选择"路径 1 副本"，利用"添加描点工具",在图中右下角和右上角附近添加路径节点，如图 3-69 所示圆圈所标的位置。

■ 图 3-68　复制"路径 1"

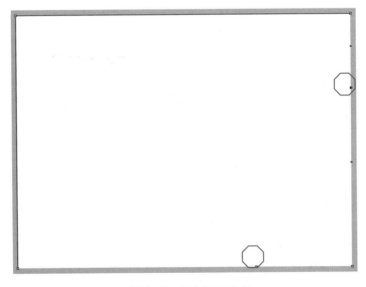

■ 图 3-69　添加路径节点

STEP 7 使用"▶转换点工具"与"✎添加描点工具",调整路径,如图 3-70 所示。

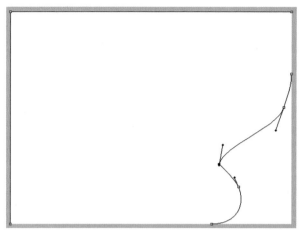

■图 3-70 调整路径

STEP 8 在路径面板中单击鼠标右键在菜单中选择"建立选区"命令,如图 3-71 所示。

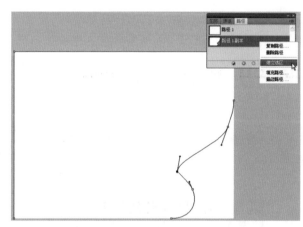

■图 3-71 选择建立选区命令

STEP 9 打开建立选区窗口,将羽化半径设置为"0"像素,单击"确定"按钮,创建"路径 1 副本"的形状选区,如图 3-72 所示。

STEP 10 打开图层面板,单击"创建新图层"按钮,创建"图层 1",如图 3-73 所示。

■图 3-72 创建形状选区

■图 3-73 新建"图层 1"

⊙STEP 11   双击工具箱中的"前景色",将前景色设置为 RGB(238,215,167)。选择工具箱中的"🔩油漆桶工具"。在图片形状选区中单击对选区进行填色,如图 3-74 所示。

⊙STEP 12   按〈Ctrl+D〉快捷键取消选区。选择工具箱中的"🔲多边形套索工具"。在图形右下角处画出一个三角,具体位置如图 3-75 所示。

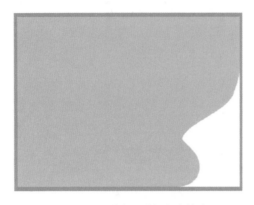
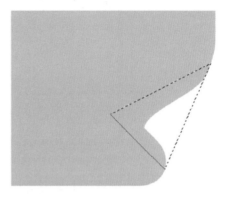

■图 3-74　对选区进行颜色填充　　　　　　■图 3-75　绘制一个三角形选区

⊙STEP 13   单击"创建新图层"按钮,创建"图层 2"。在工具箱中选择"🔲渐变工具"。在属性栏中单击渐变的颜色,如图 3-76 所示红色方框标注的位置。

■图 3-76　选择"渐变工具"

⊙STEP 14   打开"渐变编辑器"窗口。设置渐变的颜色。双击色标可对色标进行颜色编辑。左侧色标设置为 RGB(206,181,128),右侧色标设置为 RGB(224,236,219),如图 3-77 所示。

■图 3-77　设置渐变颜色

⊙ STEP 15 选择"图层 2"。对三角形选区进行颜色渐变处理，如图 3-78 所示。

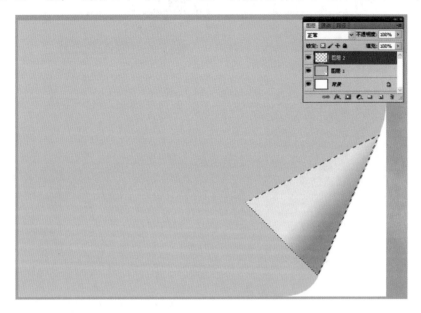

■图 3-78 对选区进行颜色渐变

⊙ STEP 16 在"图层选项卡"中调整"图层 2"的位置，如图 3-79 所示。这样就有了卷页效果。

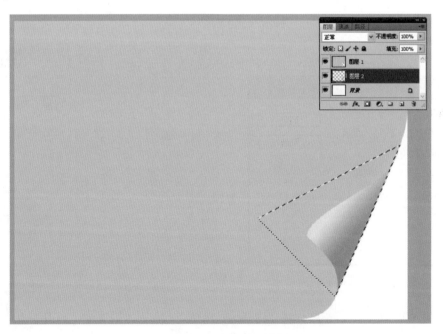

■图 3-79 调整图层位置

⊙ STEP 17 为了给卷页添加立体感，我们将给卷页添加阴影效果。单击工具栏中的钢笔工具 。用钢笔工具勾出路径，如图 3-80 所示。

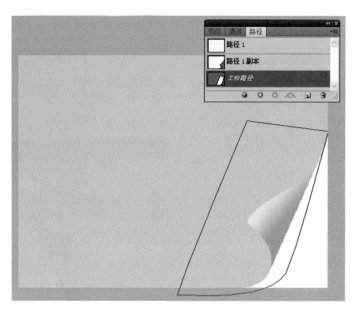

■ 图 3-80　创建路径

⊙ STEP 18　打开路径面板，在"工作路径"中单击鼠标右键在菜单中选择"建立选区"命令。打开"建立选区"窗口，将羽化半径设置为"2"像素，如图 3-81 所示。

⊙ STEP 19　单击"创建新图层"按钮，创建"图层 3"。选择"图层 3"，单击工具箱中的油漆桶工具 ，双击工具箱中的"前景色"，将前景色设置为 RGB（139,139,139）在图片形状选区中单击对选区进行填色，如图 3-82 所示。

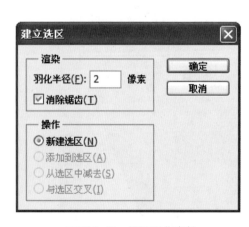

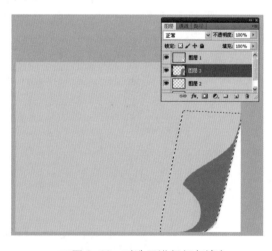

■ 图 3-81　设置羽化半径　　　　　　　■ 图 3-82　对选区进行颜色填充

⊙ STEP 20　设置图层顺序，将"图层 3"移动到"图层 2"下方，如图 3-83 所示。

⊙ STEP 21　按〈Ctrl+D〉快捷键取消选区。到这一步页脚效果就算成型了。但是做这样一个空白的卷页是没有什么意义的，我们需要把它应用到图像中去。执行菜单栏中的"文件"→"置入"命令，将素材图片"卷页效果.jpg"置入到图像中。设置图像位置后按〈Enter〉键确认，如图 3-84 所示。

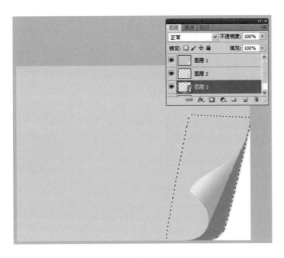

■图 3-83　设置图层顺序　　　　　　　　　　　　　　■图 3-84　置入图像

⊙STEP 22　按〈ALT〉键，将鼠标指向图层面板上"卷页效果"层和"图层 1"之间，出现编组图标。将"卷页效果"层和"图层 1"编组。如图 3-85 所示。这样，"图层 1"的形状就决定了"卷页效果"层的形状，很自然地出现卷页效果。这样本例的制作就完成了，如图 3-85 所示。

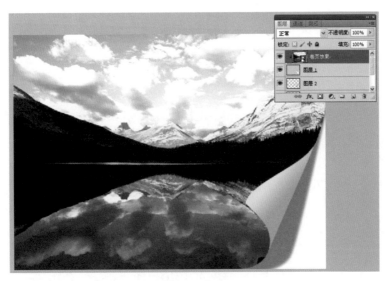

■图 3-85　最终效果

第4章

照片色彩色调处理

数码照片的处理，必然要涉及色彩。平面设计中，色彩是什么？色彩不是红、黄、蓝、绿，色彩是情绪，每一种色彩的选用和调制，就是每一种心情的表达。所以最重要的一点，设计师必须是个非常感性的人。如果设计师想提高，就尽量抛弃正统的红、黄、蓝、绿。本章主要讲述平面设计中的颜色模式、色彩和色调等相关知识，同时借用商业应用的四个实例的制作步骤来说明色彩知识的运用技巧。通过本章的学习，读者在实际运用时可充分掌握色彩知识的基本知识，以便为以后对数码照片的进一步处理打好基础。

4.1 色彩色调的处理

在处理数码照片时，对颜色的调整是我们常常要面对的问题。作为一个初学者，如果对颜色没有任何概念，往往会被它们搞得焦头烂额。当然，如果能够充分地认识它们，就能轻轻松松地处理各种复杂颜色的照片。下面我们将对 Photoshop 的颜色模式、色彩和色调做一个详细的说明。

▌4.1.1　Photoshop 颜色模式

Photoshop 的颜色模式以建立的用于描述和重现色彩的模型为基础。常见的模型包括 HSB（色相、饱和度、亮度）；RGB（红色、绿色、蓝色）；CMYK（青色、洋红、黄色、黑色）和 CIE Lab。这里我们主要介绍常用的两种颜色模式：RGB 和 CMYK。

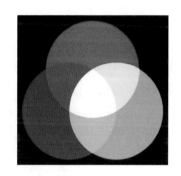

■图 4-1　加法混合

1. RGB 颜色模式

RGB 是色光的彩色模式。绝大多数可视光谱都可用红、绿、蓝三色光的不同比例和强度的混合来实现。因为 3 种颜色每一种都有 256 个亮度水平级，所以 3 种色彩叠加就形成了 1670 万种色彩（俗称 "真彩"），如图 4-1 所示。这足以再现我们绚丽的世界了。

RGB 色彩的明暗按照从明到暗的顺序排列。我们打开一张图片，可在通道选项卡中查看，如图 4-2 所示。

■图 4-2　通道中 RGB 分色

虽然编辑图像时 RGB 模式是首选的颜色模式，但是在印刷中 RGB 模式就不是最佳的了。因为 RGB 模式所提供的有些色彩已经超出了打印色彩范围，因此在打印一幅真彩的图像时，就必然会减轻一部分亮度，并且比较鲜明的色彩肯定会失真。这主要因为打印所用的是 CMYK 模式，而 CMYK 模式所定义的色彩要比 RGB 模式定义的色彩少得多。在打印时，系统会自动将 RGB 模式转换为 CMYK 模式，这样就不可避免地损失了一部分色彩和减轻了一定的亮度。

2．CMYK 颜色模式

CMYK 模式是一种减色模式，如图 4-3 所示。它适合于印刷。CMYK 即代表印刷上所用的 4 种油墨色，C 代表青色，M 代表洋红色，Y 代表黄色，因为在实际应用中，以上 3 色很难形成真正的黑色，最多不过是褐色，因此又引入了 K—黑色。黑色用于强化暗部的色彩。在 Photoshop 中，这种颜色模式形成了 4 个色彩通道，又由这 4 个通道组合形成了一个综合通道。

在转换的过程中，Photoshop 实际是先将图像由原来的 RGB 颜色模式转换成 Lab 颜色模式，再产生一个最终的 CMYK 颜色模式，其中难免会增减光点和损失品质，因此最好在转换之前先将原稿备份。而在 RGB 与 CMYK 颜色模式之间来回多次转换也是不提倡的。

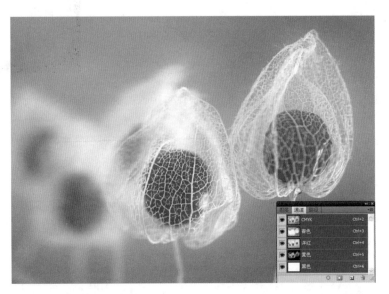

■ 图 4-3　通道中"CMYK"分色

4.1.2　Photoshop 色彩与色调

色彩是指物体呈现在人们眼前的颜色，而色调是颜色的重要特征，它决定了颜色本质的特征。Photoshop 色彩范围这个命令是一个很重要的选择命令，不仅可以选择不同的色彩，还可以选择不同的色调。在 Photoshop 中我们称调色就是运用曲线、色阶、色相、明度等命令调节图片使其色彩或者颜色尽量还原真实色彩或者达到自己想要的色彩。下面是 Photoshop 五种色彩和色调调整工具的运用方法与技巧，同时涵盖了图像色彩和色调的一些高级调整方法，非常适合初学者学习哦。

1．调整图像的色彩

调整图像的色彩是处理图像的一个重要方面，包括对图像的亮度、对比度、饱和度等参数进行设置调整，以达到各种所需的效果，如明亮与暗淡、鲜艳与柔和等。

（1）亮度/对比度

利用亮度/对比度命令可快速调节图像的色调，执行"图像"→"调整"→"亮度/对比度"命令，弹出"亮度/对比度"对话框，如图 4-4 所示。

"亮度"：拖动其对应的滑块或在其右侧的数值框中输入数值可调整图像的亮度。

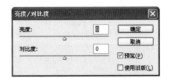

■ 图 4-4　"亮度/对比度"对话框

"对比度"：拖动其对应的滑块或在其右侧的数值框中输入数值可调整图像的对比度。

使用亮度/对比度命令的效果如图 4-5 所示。

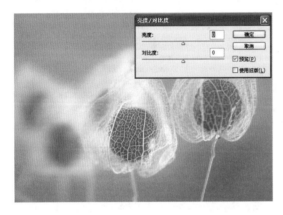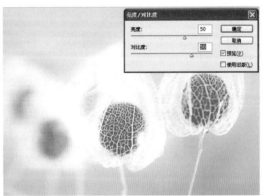

■ 图 4-5　调整"亮度/对比度"的效果

（2）色相/饱和度

利用色相/饱和度命令可以调整图像中单个颜色成分的色相、饱和度和亮度。执行"图像"→"调整"→"色相/饱和度"命令，弹出"色相/饱和度"对话框，如图 4-6 所示。

"预设"：在该下拉列表中可以选择"默认值"和"预设"两项，可对下面的值进行存储。

"全图"下拉列表框：在该下拉列表中可以选择允许调整的色彩范围，不但能够对全部图像所包含的颜色进行调整，而且能够分别对图像中的某一种颜色进行调整，如图 4-7 所示。

■ 图 4-6　"色相/饱和度"对话框

"色相"：在该文本框中输入数值，可更改图像的色相。

"饱和度"：在该文本框中输入数值，可更改图像的饱和度。

"明度"：在该文本框中输入数值，可更改图像的明度。

选中"着色"复选框，可为图像整体添加一种单一的颜色。使用色相/饱和度命令的效果如图 4-8 所示。

全图	
全图	Alt+2
红色	Alt+3
黄色	Alt+4
绿色	Alt+5
青色	Alt+6
蓝色	Alt+7
洋红	Alt+8

■ 图 4-7　全图中的下拉列表

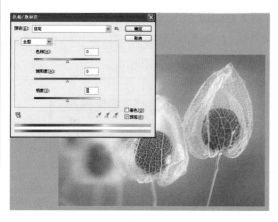 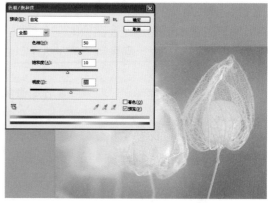

■图 4-8　调整"色相/饱和度"的效果

（3）照片滤镜：照片滤镜命令用于模拟真实拍摄中摄影滤镜下相片的效果。执行"图像"→"调整"→"照片滤镜"命令，弹出"照片滤镜"对话框，如图 4-9 所示。

选中"滤镜"单选框，可在弹出的下拉列表中选择滤镜的类型，如图 4-10 所示。

■图 4-9　"照片滤镜"对话框

选中"颜色"单选框，然后单击右侧的图标，可在弹出的"拾色器"对话框中设置需要的滤镜颜色。

"浓度"：用于设置滤镜颜色的浓度，浓度越高效果越明显。

选中"保留明度"复选框，可使滤镜保持原来图像的明度。

打开一幅图像，执行"照片滤镜"命令，然后在弹出的"照片滤镜"对话框中进行适当的设置，其效果如图 4-11 所示。

■图 4-10　滤镜下拉菜单

 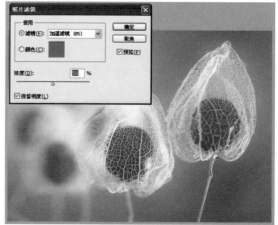

■图 4-11　调整"颜色滤镜"的效果

2．调整图像的色调

色调是指一幅图像的明暗程度，用户可以根据需要调整图像的色调。调整色调的命令主要有色阶、自动色阶、曲线以及亮度和对比度等。

（1）色阶

色阶命令是通过调整图像的暗调、中间调和高光来校正图像的色调范围和颜色平衡的。执行"图像"→"调整"→"色阶"命令，弹出"色阶"对话框，如图4-12所示。

■图4-12 "色阶"对话框

"通道"：在该下拉列表中可以选择需要进行调整的颜色通道。

"输入色阶"：在该选项中可以调整图像的暗调、中间调、高光范围的亮度值。用户可以在对应的文本框中输入数值进行调整，也可以通过拖动相对应的滑块来调整。

"输出色阶"：在该选项中可以调整整幅图像的亮度和对比度。用户可以在对应文本框中输入数值进行调整，也可以通过拖动相对应的滑块来调整。

"自动"：单击此按钮系统将会自动调整图像的色阶。

"选项"：单击此按钮可弹出"自动颜色校正选项"对话框，从中可以进行各种设置来自动校正颜色。

按钮组中包含了3个吸管工具，从左到右分别为：设置黑色吸管工具、设置灰色吸管工具和设置白色吸管工具，选择其中的任意一个工具在图像中单击，图像中与单击点处颜色相同的颜色都会随之改变。如图4-13所示为使用色阶命令调整图像效果。

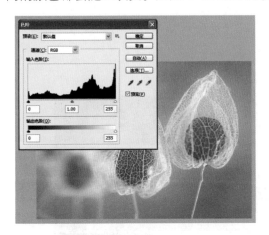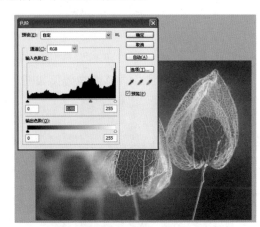

■图4-13 调整"色阶"的效果

（2）曲线：曲线是Photoshop中应用非常广泛的一种色调调整工具，它不像"色阶"对话框只用3个控制点来调整颜色，而是将颜色范围分为若干个小方块，每个方块都能够控制一个亮度层次的变化。使用该命令可以对图像的色彩、亮度和对比度进行综合调整，使画面色彩更为平衡，也可以调整图像中的单色，常用于改变物体的质感。执行"图像"→"调整"→"曲线"命令，弹出"曲线"对话框，如图 4-14 所示。用户可通过该对话框中的曲线形状来对图像色调进行调整。

色调曲线的水平轴表示原来图像的亮度值，即图像的输入值。

色调曲线的垂直轴表示图像处理后的亮度值，即图像的输出值。

单击图标下边的光谱条，可在黑色和白色之间切换。

单击"节点工具"按钮，再用鼠标在曲线图表中单击，可添加节点而产生色调曲线，拖动鼠标可改变节点位置（即改变曲线的弯曲程度），向上拖动时图像色调变亮，向下拖动则变暗。若将曲线调整成比较复杂的形状，可多次产生节点并对图像进行调整，如图 4-15 所示。

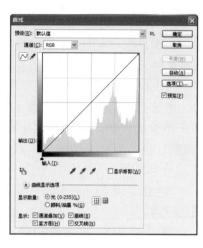

■ 图 4-14　"曲线"对话框

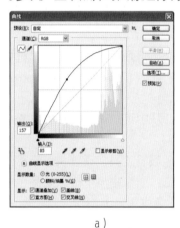 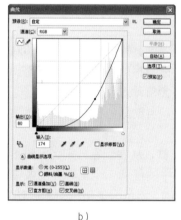 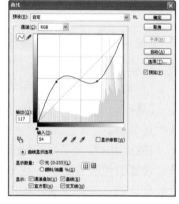

　　a）　　　　　　　　　　　b）　　　　　　　　　　　c）

■ 图 4-15　调节曲线

a）向上调节曲线　b）向下调节曲线　c）复杂调节曲线

使用"曲线"命令调整图像效果如图 4-16 所示。

　　a）　　　　　　　　　　　b）　　　　　　　　　　　c）

■ 图 4-16　调整各种不同曲线形状后的效果

a）原图　b）曲线向上调节　c）曲线向下调节

3. 色彩平衡

色彩平衡命令通过对图像的暗调、中间调和高光进行调整，使图像的整体色彩发生变化。执行"图像"→"调整"→"色彩平衡"命令，弹出"色彩平衡"对话框，如图 4-17 所示。

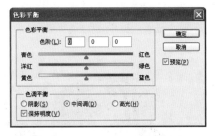

"色彩平衡"：在该选项区中可以设置红、绿和蓝三原色的色阶值，"色阶"后面的 3 个文本框分别对应下面的 3 个滑块。用户可以通过在文本框中输入数值或拖动滑块来调整图像的颜色。

■ 图 4-17　"色彩平衡"对话框

"色调平衡"：在该选项区中可以选择想要重新进行更改的色调范围，包括"阴影"、"中间调"和"高光" 3 个单选框。选择其中需要调整的选项，然后通过拖动滑块或改变文本框中的数值来调整所选色调的颜色。利用色彩平衡命令分别对图像暗调、中间调和高光进行调整后的效果如图 4-18 所示。选中"保持亮度"复选框可以保持图像中的色调平衡。

 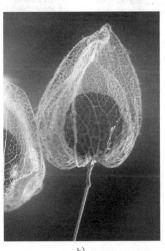 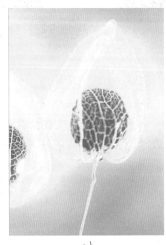

a)　　　　　　　　　　　b)　　　　　　　　　　　c)

■ 图 4-18　调整三种不同"色彩平衡"后的效果

a) 原图　b) 中间调　c) 高光

4.2　照片色彩色调处理实例

在 Photoshop 中，色彩是什么？色彩不是红、黄、蓝、绿，色彩是情绪，每一种色彩的选用和调制，就是每一种心情的表达。为了正确地理解和使用颜色，我们选择了四个实例来做说明。通过这四个实例的介绍，读者可以掌握色彩运用的技巧和方法，以便在今后的兼职制作中得心应手。

4.2.1　处理偏黄的照片

在生活中，照片长时间存放，会变得发黄。对于这种发黄的照片，如果要使用就必须进行处理。而要处理好发黄的照片，就要使用到 Photoshop 软件中的"色阶"命令和"渐变映射"等工具。下面我们将用实例来做详细的说明，通过本实例的介绍，读者可掌握 Photoshop 软件中"色阶"命令和"渐变映射"工具的应用方法和技巧，照片处理前后的效果如图 4-19、图 4-20 所示。

■图 4-19　处理前

■图 4-20　处理后

具体的处理步骤如下。

▶STEP 1　执行菜单栏中的"文件"→"打开"命令（或按快捷键〈Ctrl+O〉），打开素材图片"偏色照片.jpg"，如图 4-21 所示。

▶STEP 2　在"图层"选项卡中单击"创建新的填充或调整图层"按钮。在下拉列表中选择"渐变映射"调整图层，如图 4-22 所示。

■图 4-21　打开素材图片

■图 4-22　创建调整图层

▶STEP 3　在"调整"选项卡中单击"渐变映射"的颜色，如图 4-23 所示红框标注的位置。打开"渐变编辑器"。

STEP 4 在"渐变编辑器"中选择"黑白渐变",如图 4-24 所示。

■图 4-23 选择渐变映射 ■图 4-24 选择黑白渐变

STEP 5 在"图层"选项卡中选择"渐变映射 1"图层,将模式选择为"滤镜"模式,如图 4-25 所示。

STEP 6 在"图层"选项卡中选择"背景"图层,执行"图像"→"调整"→"色阶"命令,打开"色阶"对话框。设置输入色阶值为:0,0.77,255;输出色阶值为:0,175。如图 4-26 所示。

STEP 7 按〈Ctrl+D〉快捷键取消选区。这样本例的制作就完成了,如图 4-27 所示。

■图 4-25 设置图层模式

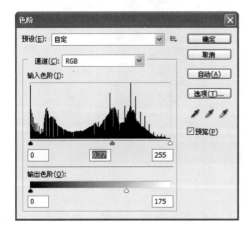

■图 4-26 设置"色阶"中的参数

■图 4-27 最终效果

4.2.2 更换衣服颜色

上面介绍了颜色偏黄的照片处理步骤，下面将以衣服颜色的更换为例来说明"更换衣服颜色"的步骤。通过本实例的学习，读者可以掌握 Photoshop 软件中"快速选择"工具和"图层调版"的应用方法和技巧，实例变色前后如图 4-28、图 4-29 所示。

■图 4-28　处理前　　　　　　　　　　　　■图 4-29　处理后

具体的步骤如下。

▶ STEP 1　执行菜单栏中的"文件"→"打开"命令（或按快捷键〈Ctrl+O〉），打开素材图片"偏色照片.jpg"，如图 4-30 所示。

▶ STEP 2　单击工具箱中的"🖉快速选择工具"按钮，在人物紫色衣服上按住鼠标左键进行选择，选取衣服，选择的效果如图 4-31 所示。

■图 4-30　打开素材图片　　　　　　　　　■图 4-31　选取"人物衣服"

▶ STEP 3　单击图层调版底部的创建新的填充或调整图层按钮，在弹出的菜单中选择"纯色"，如图 4-32 所示。

STEP 4 在"拾色器"中可以选择任意颜色，只要搭配起来好看就行了。如这里选择红色，"拾取实色"对话框设置如图 4-33 所示。

■图 4-32 创建"纯色"图层

■图 4-33 在"拾色器"中选择颜色

STEP 5 将图层的混合模式改为"色相"，如图 4-34 所示。

■图 4-34 设置图层"混合模式"

STEP 6 按住〈Ctrl〉键，单击纯色调整图层蒙版。再单击图层调版底部的创建新的填充或调整图层按钮，在弹出的菜单中选择"色阶"，如图 4-35 所示。

STEP 7 然后在"调整"选项卡中选择红色通道，在色阶对话框中向右拖动中间的滑块到合适的位置，最后单击"确定"按钮，如图 4-36 所示。

■图 4-35 创建"色阶"图层

■图 4-36 调整"色阶"值

STEP 8　执行菜单栏中的"图层"→"拼合图层"命令，这样本例的制作就完成了，调整后的效果如图 4-37 所示。

■ 图 4-37　最终效果

4.2.3　旧照片翻新

照片天长日久就会变得陈旧，如果要使用就必须对其进行处理。下面将通过一张老照片的翻新，来说明"照片翻新"的步骤。通过本实例的学习，读者可以掌握 Photoshop 软件中"修补"工具、"自动对比度"、"自动色阶"、"自动颜色"、"高斯模糊"和"USM 锐化"的应用方法和技巧，照片处理前后的效果如图 4-38、图 4-39 所示。

具体的制作步骤如下。

STEP 1　执行菜单栏中的"文件"→"打开"命令（或按快捷键〈Ctrl+O〉），打开素材图片"老照片翻新.jpg"，如图 4-40 所示。

■ 图 4-38　处理前　　　　■ 图 4-39　处理后　　　　■ 图 4-40　打开素材

STEP 2　单击工具箱中"　修补工具"按钮，在图像上进行"修补裂纹"操作，如图 4-41 所示。

■图4-41 "修补"工具修补裂纹

STEP 3 按照以上操作将图像中所有"瑕疵"修复干净，如图4-42所示。

STEP 4 执行菜单栏中的"图像"→"自动色调"命令、"图像"→"自动对比度"命令和"图像"→"自动颜色"命令，对图像进行自动调整处理，如图4-43所示。

■图4-42 修复全部瑕疵

■图4-43 自动调节

STEP 5 下面我们来去除老照片中的网纹。执行菜单栏中的"图像"→"调整"→"色阶"命令，打开"色阶"对话框，用里面的白色吸管单击图片的背景，使照片对比更明显，如图4-44所示。红色框中为选择的白色吸管。

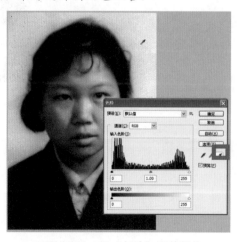

■图4-44 用"色阶"调节照片

STEP 6　执行菜单栏中的"滤镜"→"模糊"→"高斯模糊"命令。打开"高斯模糊"对话框。将半径设置为"2.5"像素，如图 4-45 所示。

STEP 7　执行菜单栏中的"滤镜"→"锐化"→"USM 锐化"命令。打开"USM 锐化"对话框，设置的值如图 4-46 所示。

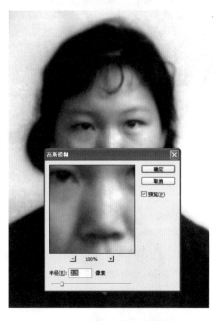

■ 图 4-45　"高斯模糊"处理图像

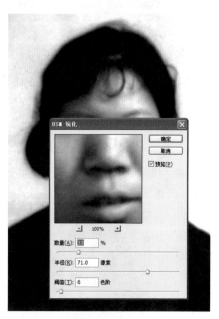

■ 图 4-46　"USM 锐化"处理图像

STEP 8　单击工具箱中的"减淡工具"按钮。对图像中人物的眼睛进行调亮。这样本例的制作就完成了，效果如图 4-47 所示。

■ 图 4-47　最终效果

4.2.4　黑白照片上色

上面讲述了老照片翻新的步骤，那么对于黑白的老照片来说，又如何对其进行上色呢？下面我们将阐述照片上色的具体步骤。通过本实例的学习，读者可掌握 Photoshop 软件中"修补"工具、"自动对比度"和"USM 锐化"的应用方法和技巧。照片处理前后的效果如图 4-48、图 4-49 所示。

■ 图 4-48　处理前　　　　　　　　■ 图 4-49　处理后

（▶）STEP 1　执行菜单栏中的"文件"→"打开"命令（或按快捷键〈Ctrl+O〉），打开素材图片"老照片翻新.jpg"，如图 4-50 所示。

（▶）STEP 2　执行菜单栏中的"文件"→"置入"命令，打开素材"调色板.psd"。将调色板缩小到图片右下角，调整好位置后按〈Enter〉键确认，如图 4-51 所示。

■ 图 4-50　打开素材图片　　　　　■ 图 4-51　置入"调色板.psd

（▶）STEP 3　在"图层"调版中单击添加新图层按钮。添加一个新图层"图层 1"。设置其混合模式为"颜色"，如图 4-52 所示。

■ 图 4-52　添加图层

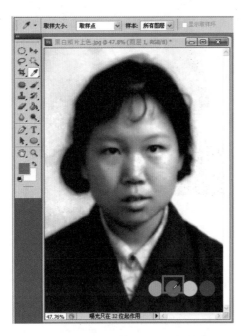

■图 4-53 用"吸管工具"吸取颜色

⊙ STEP 4 在工具箱中单击"🖊️吸管工具",在调色板图像上单击"面部暗调"颜色,选择到前景色,如图 4-53 所示。

⊙ STEP 5 单击工具箱中的"🖌️画笔工具",在其选项栏上设置"透明度"和"流量"均为 70%,笔尖设置如图 4-54 所示。

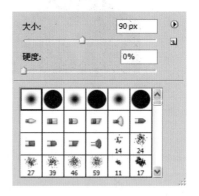

■图 4-54 设置笔尖

⊙ STEP 6 在图像上用圆形光标对脸部进行着色,其中包括"眼睛"、"鼻子"、"嘴",如图 4-55 所示。

■图 4-55 对脸部进行着色

⊙ STEP 7 在"图层"调版中单击添加新图层按钮。添加一个新图层"图层 2"。同样设置其混合模式为"颜色",如图 4-56 所示。

■图 4-56 添加新图层

⊙ STEP 8 单击工具箱中"🖊️吸管工具",在调色板图像上单击"面部高光"颜色,选择到前景色,如图 4-57 所示。

⊙ STEP 9 单击工具箱中的"🖌️画笔工具",在其选项栏上设置"透明度"和"流量"

均为 50%。在图像上用圆形光标对脸部的高光部分和"脖子"还有"耳朵"进行着色，如图 4-58 所示。

■图 4-57　用"吸管工具"吸取颜色

■图 4-58　对脸部高光进行着色

■图 4-60　用"吸管工具"吸取颜色

▶ STEP 10　在"图层"调版中单击添加新图层按钮。添加一个新图层"图层 3"。同样设置其混合模式为"颜色"，如图 4-59 所示。

▶ STEP 11　单击工具箱中"✎吸管工具"，在调色板图像上单击"眼白"颜色，选择到前景色，如图 4-60 所示。

■图 4-59　创建新图层

▶ STEP 12　单击工具箱中的"✎画笔工具"，在其选项栏上设置"透明度"和"流量"均为 100%。在图像上用圆形光标对"眼白"和"眼睛"进行着色，如图 4-61 所示。

▶ STEP 13　在"图层"调版中单击添加新图层按钮。添加一个新图层"图层 4"。同样设置其混合模式为"颜色"，如图 4-62 所示。

■图 4-61　对"眼睛"进行着色　　　　　　　　　■图 4-62　添加新图层

▶STEP 14　单击工具箱中"🖋吸管工具"，在调色板图像上单击"嘴唇"颜色，选择到前景色，如图 4-63 所示。

▶STEP 15　单击工具箱中的"🖋画笔工具"，在其选项栏上设置"透明度"和"流量"均为 30%。在图像上用圆形光标对"嘴唇"进行着色，如图 4-64 所示。

■图 4-63　用"吸管工具"吸取颜色　　　　　　　■图 4-64　对"嘴唇"进行着色

▶STEP 16　如果觉得嘴唇红色太重可通过"色彩平衡"进行调节。在"图层"调版中单击选择"图层 4"。执行菜单栏中的"图像"→"调整"→"色阶"命令，打开"色彩平衡"对话框，调整"色阶"值为+50，单击选择"中间调"单选框，单击选择"保持明度"复选框，如图 4-65 所示，设置后单击确定按钮。

STEP 17　在"图层"调版中将"调色板"图层删除，执行菜单栏中的"图层"→
"拼合图像"命令。这样本例的制作就完成了，加色后的效果如图 4-66 所示。

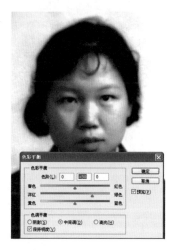

■图 4-65　对嘴唇进行调色

■图 4-66　最终效果

图片色彩色调处理

第5章

人物照片美化处理

随着社会的进步，科技的发展，人们对于视觉的要求越来越高，对美的追求日益提升。人们已不再拘泥于黑白照、彩照等拍摄照片，而把眼光逐渐放到对照片的艺术化处理上来。一方面是拍摄技术的要求在提高，另一方面又有许多照片因日久天长开始发黄；或者因拍摄技术问题而不美观；又或者因太清晰而出现瑕疵等等。这时，就需要对照片进行必要的艺术处理，即美化。而这在 Photoshop 里却很容易做到。本章将从照片编辑、蒙版、滤镜等方面，详细而具体地阐述人像照片的美化效果。

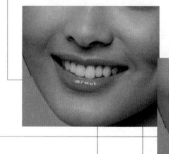

5.1 人物美化和基本操作

随着生活水平的提高，人们对人像的视觉要求也越来越高。为使人像的效果达到自己的满意程度，就必须使用 Photoshop 对其进行后期处理，以实现美化。人像美化就是使用 Photoshop 的图像编辑工具、蒙版工具、滤镜工具等，对人像的局部或者全部进行调节和修饰，以实现人像的处理。

5.1.1 图像编辑工具

图像编辑工具是 Photoshop 的一个重要工具，利用它可以实现对人像的修复和修补工作。下面将对它展开说明。

1）修复画笔工具："🖊️ 修复画笔工具"可将图像中的蒙尘、划痕及褶皱等轻松去除，同时保留原图像的阴影、光照和纹理等效果，并且在修改图像的同时，可以将图像中的阴影、光照和纹理等与源像素进行匹配，达到精确修复图像的作用。

■ 图 5-1 "修复画笔工具"选项栏

"修复画笔工具"选项栏如图 5-1 所示，其中各选项说明如下。

画笔：用于设置修复画笔的直径、硬度和角度等参数。

模式：用于选择一种颜色混合模式，选择不同的模式后其修复效果也各不相同。

切换仿制源面板：该选项可以设置五个不同的样本源并快速选择所需的样本源，而不用在每次需要更改为不同的样本源时重新取样，还可以缩放或旋转样本源以更好地匹配仿制目标的大小和方向。

源：设置用来修复图像的源，选中"取样"单选框，则修复时将使用定义的图像中某部分图像用于修复。选中"图案"单选框，将激活其右侧的"图案"选项，在其下拉列表框中可选择一种图案用于修复。

对齐：选中该复选框，如果进行多次复制图像，所复制出来的图像仍是选定点内的图像；若未选中此复选框，则复制出的图像将不再是同一幅图像，而是多幅以选定点为模板的相同图像。

样本：设置当前取样作用的图层。从右侧的下拉列表中，可以选择"当前图层"、"当前和下方的图层"和"所有图层"。单击"打开以在修复时忽略调整图层"按钮，可以忽略调整的图层。

2）修补工具："⚙️ 修补工具"是以选区的形式选择取样图像或使用图案填充来修补图像。

■ 图 5-2 "修补工具"选项栏

"修补工具"选项栏如图 5-2 所示，各选项说明如下。

选区操作：该区域中的按钮用来进行选区的相加、相减和相交的操作。

修补：选中"源"单选框表示将选中区域定义为想要修复的区域。选中"目标"单选框表示将选中区域定义为取样区域。

透明：选中该复选框后，修复的区域图像带有明显的透明性质。撤选该复选框则修复的区域图像不带有透明性质。

使用图案：选择图像区域后，单击该按钮，可在右侧图案框中选择图案对图像区域进行填充。

3）仿制图章工具："⬛ 仿制图章工具"是利用键盘上的〈Alt〉键进行取样，然后在其他位置拖动鼠标，即可从取样点开始将图像复制到新的位置。用法上有些类似于"修复画笔工具"。

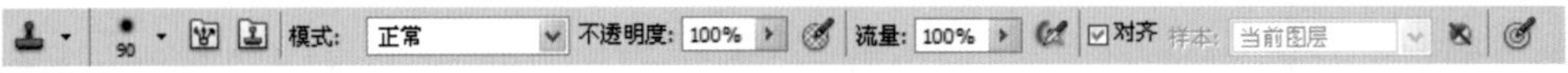

■图 5-3 "仿制图章工具"选项栏

"仿制图章工具"选项栏如图 5-3 所示，其中切换画笔面板 ⬛：选择该选项可详细设置画笔。

4）减淡工具："⬛ 减淡工具"是通过提高图像的曝光度来提高图像的亮度。

■图 5-4 "减淡工具"选项栏

5）"减淡工具"选项栏如图 5-4 所示，其中各选项说明如下。

范围：包括"阴影"、"中间调"、"高光" 3 个选项。选择"阴影"选项，减淡工具只会调整图像中的暗色部分；选择"中间调"选项，减淡工具只会调整图像中暗色与亮色之间的部分；选择"高光"选项，减淡工具只会调整图像中高光的部分。

曝光度：设置减淡工具的曝光强度。

6）加深工具："⬛ 加深工具"在效果上与减淡工具正好相反，通过降低图像的曝光度来降低图像的亮度，其选项栏如图 5-5 所示。

■图 5-5 "加深工具"选项栏

7）模糊工具："⬛ 模糊工具" 通过柔化图像中突出的颜色和边缘，使图像产生模糊效果。其选项栏中的"强度"设置的值越大，模糊程度越大，如图 5-6 所示。

■图 5-6 "模糊工具"选项栏

8）橡皮擦工具："⬛ 橡皮擦工具"顾名思义，就好像我们的橡皮一样，可以擦去不需要的图像。

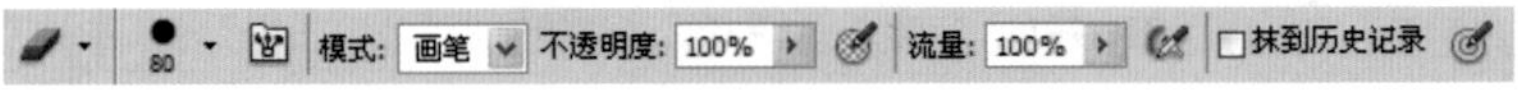

■图 5-7 "橡皮擦工具"选项栏

"橡皮擦工具"选项栏如图 5-7 所示，其中各选项说明如下。

模式：在模式下拉列表框中可选择"画笔"、"铅笔"和"块"3个选项。选择不同的选项，参数也将发生变化。

抹到历史记录：选择此复选框后可将图片擦除至历史记录面板中的恢复点外的图像效果。

5.1.2 蒙版的应用

蒙版是用于制作图像特效的一种处理手段，它最大的特点就是可以反复修改，却不会影响到图层本身的任何构造。

1．图层蒙版

图层蒙版是我们做图最常用的工具之一，平常所说的蒙版一般也是指的图层蒙版，它常常用于制作图层与图层之间的特殊混合效果，如图5-8所示。

2．快速蒙版

快速蒙版用于在图像中保存一个暂时的蒙版效果，即图像选择区域，并可以通过各种绘图工具进行编辑，从而快速创建出精确的图像选区。

■图5-8 图层蒙版

单击工具箱下方的"以快速蒙版模式编辑"按钮 ▣，如图5-9所示，即可进入快速蒙版编辑状态。再次单击此按钮即可退出快速蒙版状态。双击此按钮可打开"快速蒙版选项"窗口，进行相应设置，如图5-10所示。

■图5-9 快速蒙版

■图5-10 快速蒙版选项

5.1.3 滤镜简介

Photoshop提供了功能强大的滤镜菜单，它可以应用多样的效果，通过它可以对图像进行各种特效处理，使平淡的图像产生特殊有趣的效果。

单击菜单栏中的"滤镜"菜单项，弹出"滤镜"下拉菜单，如图5-11所示。

Photoshop在"滤镜"菜单中提供了14组滤镜样式，每组滤镜样式中又包含了多种不同的滤镜效果。单击每一组滤镜样式后面的小三角按钮▶，可以打开此类滤镜下包含的滤镜子菜单。此外，在Photoshop中，前一次使用过的滤镜会自动放置在"滤镜"菜单的顶部，按〈Ctrl+F〉快捷键，可以重复执行相同的滤镜，按〈Ctrl+Alt+F〉快捷键则可打开上次执行此滤镜时的滤镜参数设置对话框。

■图5-11 滤镜下拉菜单

5.1.4 模糊滤镜组

使用"模糊滤镜组"中的滤镜命令，可将图像边缘过于清晰或对比度过于强烈的区域进行模糊，产生各种不同的模糊效果，起到柔化图像的作用。

1）表面模糊："表面模糊"滤镜是在保留图像边缘的同时对图像运行模糊。

2）动感模糊："动感模糊"滤镜在某一方向对图像像素进行线性位移，从而产生一种高速运动的效果。

3）方框模糊："方框模糊"滤镜使用相近的像素平均颜色值来模糊图像。

4）高斯模糊："高斯模糊"滤镜可以通过调整半径值来快速地模糊选区，半径值越大模糊程度越强。

5）模糊："模糊"滤镜使图像产生一些略微的模糊效果，使图像变得温顺。它的模糊效果是固定的，可用来消除杂色。

6）进一步模糊："进一步模糊"滤镜的模糊程度大约是"模糊"滤镜的 3~4 倍，也是一种固定的模糊效果，没有选项。

7）径向模糊："径向模糊"滤镜使图像产生一种旋转或放射的模糊效果，该滤镜的模糊中心可在对话框中运行调整。

8）镜头模糊："镜头模糊"滤镜向图像中添加模糊以产生更窄的景深效果，以便使图像中的一些对象处在焦点内，而另一些区域则变模糊。

9）平均：执行"平均"滤镜命令将找出图像或选区的平均颜色，然后使用该颜色填充图像，以创建平滑的外观。

10）特殊模糊："特殊模糊"滤镜可以创建多种模糊效果，不模糊图像轮廓。

11）形状模糊："形状模糊"滤镜根据形状预设中的形状对图像进行模糊。

5.1.5 杂色滤镜组

"杂色"滤镜组中的滤镜可将图像按一定方式混合入杂点，从而创建出与众不同的纹理图像。也可删除图像中的杂色将图像中有问题的区域移去。

1）减少杂色："减少杂色"滤镜在不影响图像边缘的同时，减少整个图像或各个通道中的杂色。

2）蒙尘与划痕：蒙尘和划痕滤镜对像素进行不同的改变来减少杂色。

3）去斑：检测图像边缘颜色变化较大的区域，通过模糊除边缘以外的其他部分以起到消除杂色的作用，不损失图像的细节

4）添加杂色：添加杂色滤镜用来在图像上随机添加像素，也可用来减少羽化选区或渐变填充的色带，也可用来使过度修饰的区域显得更为真实。

5）中间值：中间值滤镜可以采用杂点和其周围像素的折中颜色来平滑图像中的区域。

5.2 人物美化实例

我们翻开一本杂志，上面会有许多青春靓丽的人物形象。这些人物形象都是经过

Photoshop 软件美化加工而成，与实际却有很大区别。可见，人像美化已经走进人们生活当中，成为人们生活中必不可少的一部分。Photoshop 是一款功能强大的软件，它对人像的美化能产生很好的效果。只要我们对 Photoshop 灵活运用，也能做出杂志上呈现的姣好人像。本章就以对人像的局部做的几个生活中常见的案例来做讲解，让读者融入生活案例当中，能很快地美化出生活中任何一个给人们美感的形象。

5.2.1 美白牙齿

亮白牙齿是人们通常所渴望的，而实际当中，由于各种原因，人们的牙齿常变得发黄。为了某种需要，如宣传牙膏，人像的牙齿要绝对亮白。此时，只有通过 Photoshop 来对人像的牙齿做些处理，以实现上述要求。本章以人像的牙齿为例，来阐述利用 Photoshop 使牙齿美白的步骤。通过这些步骤的学习，读者可掌握 Photoshop 软件"钢笔"工具和"羽化"命令、"色相/饱和度"命令的应用方法和技巧。图像处理效果如图 5-12、图 5-13 所示。

■图 5-12　处理前

■图 5-13　处理后

制作步骤如下。

▶ STEP 1　执行菜单栏中的"文件"→"打开"命令（快捷键〈Ctrl+O〉），打开素材图片"牙齿.jpg"，如图 5-14 所示。

▶ STEP 2　单击工具箱中的 ✐ "钢笔工具"按钮，再单击选项栏中的"路径工具"按钮 ⊿，沿牙齿绘制路径，如图 5-15 所示。

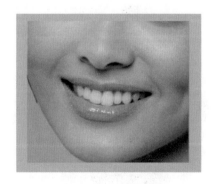

■图 5-14　打开素材

■图 5-15　绘制路径

STEP 3　按〈Ctrl+Enter〉快捷键将路径转为选区，如图 5-16 所示。

STEP 4　执行菜单栏中的"选择"→"修改"→"羽化"命令，打开"羽化选区"对话框，设置"羽化半径"为 3，单击"确定"按钮，如图 5-17 所示。

■图 5-16　设置路径转化为选区

■图 5-17　设置"羽化半径"

STEP 5　执行菜单栏中的"图像"→"调整"→"色相/饱和度"命令，打开"色相/饱和度"对话框，设置"色相"的值为"0"，"饱和度"的值为"-50"，"明度"的值为"+50"，单击"确定"按钮，如图 5-18 所示。

STEP 6　按〈Ctrl+D〉快捷键取消选区。这样本例的制作就完成了，如图 5-19 所示。

■图 5-18　设置"色相/饱和度"

■图 5-19　完成结果

5.2.2　美白肌肤

肌肤亮白细净，给人无限遐想。为了让人像肌肤粉嫩，可以通过 Photoshop 的处理来达到要求。本章以人像的肌肤为例，来阐述利用 Photoshop 使肌肤美白的步骤。通过这些步骤的学习，读者可掌握 Photoshop 软件中"魔棒工具"、"快速蒙版"、"曲线"命令的应用方法和技巧，图像处理效果如图 5-20、图 5-21 所示。

■图 5-20　处理前

■图 5-21　处理后

具体的制作步骤如下。

▶ STEP 1　执行菜单栏中的"文件"→"打开"命令（快捷键〈Ctrl+O〉），打开素材，如图 5-22 所示。

▶ STEP 2　单击工具箱中"🔍魔棒工具"按钮，在属性栏中设置容差为 10，在白色背景上单击，选取背景，如图 5-23 所示。

■ 图 5-22　打开素材　　　　　　　　■ 图 5-23　选择背景

▶ STEP 3　按〈Ctrl+Shift+I〉快捷键反选选区，将人物选取，如图 5-24 所示。

▶ STEP 4　单击工具箱中的"以快速蒙版模式编辑"按钮 ⬚，将图像切换到快速蒙版编辑模式，如图 5-25 所示。

■ 图 5-24　反选选区　　　　　　　　■ 图 5-25　切换到快速蒙版编辑模式

STEP 5　单击工具箱中的"✐画笔工具"按钮，设置前景色为黑色，设置不同的画笔大小，分别涂抹眼睛、嘴唇和头发，如图5-26所示。

■图5-26　涂抹图像

STEP 6　单击工具箱中的"切换到标准编辑模式"按钮 🔲，得到人物皮肤的选区，如图5-27所示。

■图5-27　切换到标准编辑模式

STEP 7　执行菜单栏中的"选择"→"修改"→"羽化"命令，打开"羽化选区"对话框，设置"羽化半径"为3，单击"确定"按钮，如图5-28所示。

■图5-28　设置"羽化半径"

STEP 8　执行菜单栏中的"图像"→"调整"→"曲线"命令，打开"曲线"对话框，调整曲线形状输出为"145"、输入为"113"。同样在调整形状中添加第二个点输出为"54"、输入为"24"，设置后单击"确定"按钮，如图5-29所示。

STEP 9　按〈Ctrl+D〉快捷键，取消选区，这样本例的制作就完成了，如图5-30所示。

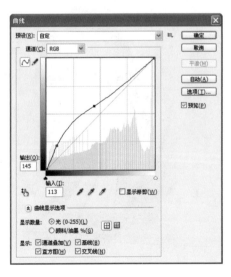

■图5-29　调整曲线

■图5-30　最终效果

5.2.3 染发上色

如果一幅人像的头发干枯凌乱，即使人长的再美，也总有点遗憾。为此就必须使用 Photoshop 软件对人像的头发进行处理。本章以人像的头发为例，来阐述利用 Photoshop 使头发上色发亮的步骤。通过这些步骤的学习，读者可掌握 Photoshop 软件中"魔棒工具"、"套索工具"、"色相/饱和度"命令的应用方法和技巧。图像处理效果如图 5-31、图 5-32 所示。

■图 5-31　处理前

■图 5-32　处理后

具体的制作步骤如下。

➤STEP 1　执行菜单栏中的"文件"→"打开"命令（快捷键〈Ctrl+O〉），打开素材图片"美发.jpg"，如图 5-33 所示。

■图 5-33　打开素材

➤STEP 2　单击工具箱中"🔍魔棒工具"按钮，在选项栏中设置容差为 40，选取人物的头发部分，如图 5-34 所示。

■图 5-34　选取选区

> STEP 3 单击工具箱中的"🔾套索工具"按钮，单击选项栏中的"从选区减去"按钮
🖳，利用套索工具将头发以外的图像从选区中减去，如图 5-35 所示。

> STEP 4 执行菜单栏中的"选择"→
"修改"→"羽化"命令，打开"羽化选区"对
话框，设置"羽化半径"为 3，单击"确定"按
钮，如图 5-36 所示。

■ 图 5-35 减去选区 ■ 图 5-36 设置"羽化半径"

> STEP 5 执行菜单栏中的"图像"→"调整"→"色相/饱和度"命令，打开"色相/饱
和度"对话框，色阶参数设置为"0"、"-80"、"-50"，单击"确定"按钮，如图 5-37 所示。

> STEP 6 按〈Ctrl+D〉快捷键，取消此选区。这样本例的制作就完成了，如图 5-38
所示。

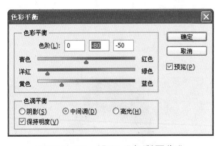

■ 图 5-37 设置"色彩平衡" ■ 图 5-38 最终效果

5.2.4 修理眉毛

眉毛细长更能增添脸部的秀气。本章以人像的眉毛为例，来阐述利用 Photoshop 使眉毛
细长的步骤。通过这些步骤的学习，读者可掌握 Photoshop 软件中"修复画笔"、"钢笔"、
"加深工具"的应用方法和技巧。图像处理效果如图 5-39、图 5-40 所示。

■ 图 5-39 处理前 ■ 图 5-40 处理后

■图 5-41　打开素材

具体操作步骤如下。

⊙ STEP 1　执行菜单栏中的"文件"→"打开"命令（快捷键〈Ctrl+O〉），打开素材图片"修眉.jpg"，如图 5-41 所示。

⊙ STEP 2　单击工具箱中的"🔍缩放工具"按钮，将左边眉毛放大。单击工具箱中的"✒钢笔工具"按钮，按眉毛外观绘制路径，如图 5-42 所示。

■图 5-42　绘制路径

⊙ STEP 3　按〈Ctrl + Enter〉快捷键，将路径转换为选区，如图 5-43 所示。

⊙ STEP 4　执行菜单栏中的"选择"→"修改"→"羽化"命令，打开"羽化选区"对话框，设置"羽化半径"为 2，单击"确定"按钮，按〈Ctrl+Shift+I〉快捷键反选，如图 5-44 所示。

■图 5-43　创建选区

■图 5-44　设置羽化半径

⊙ STEP 5　单击工具箱中的"✒修复画笔工具"按钮，将光标放到皮肤位置，按〈Alt〉键取样，然后松开〈Alt〉键，在眉毛的上方涂抹，将多余的眉毛清除，如图 5-45 所示。

⊙ STEP 6　按〈Ctrl+Shift+I〉快捷键再次反选选区，单击工具箱中的"✒修复画笔工具"按钮，将光标放到眉毛位置，按〈Alt〉键对浓密眉毛取样，然后松开〈Alt〉键，在缺少眉毛的地方涂抹，让眉毛填充整个选区，如图 5-46、图 5-47 所示。

■图 5-45　清除多余眉毛

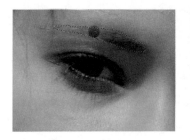
■图 5-46　填充眉毛

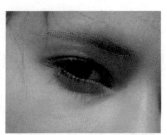
■图 5-47　填充后的眉毛

▶ STEP 7　单击工具箱中"加深"按钮，在眉毛的周围涂抹，使眉毛变浓，如图 5-48 所示。

▶ STEP 8　将右侧眉毛按照同样方法处理，这样本例的制作就完成了，如图 5-49 所示。

■图 5-48　眉毛加深

■图 5-49　最终效果

▌5.2.5　瘦身有方

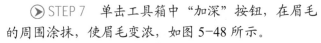

　　线条美女始终是人们心目中欣赏的形象。对于人像中臃肿富余的部分，Photoshop 如何消除这部分的影响？本章就以人像的塑身为例，来阐述利用 Photoshop 使身材苗条的步骤。通过这些步骤的学习，读者可掌握 Photoshop 软件中"液化"命令的应用方法和技巧。前后的效果如图 5-50、图 5-51 所示。

■图 5-50　处理前

■图 5-51　处理后

具体的操作步骤如下。

⊙STEP 1 执行菜单栏中的"文件"→"打开"命令（快捷键〈Ctrl+O〉），打开素材图片
"瘦身.jpg"，如图 5-52 所示。

⊙STEP 2 执行菜单栏中的"滤镜"→"液化"命令，打开"液化"面板，如图 5-53
所示。

■图 5-52 打开素材

■图 5-53 液化面板

⊙STEP 3 在面板右侧的"工具选项"中将"画笔大小"
设置为"130"，如图 5-54 所示。

⊙STEP 4 将光标放到"腰部"的外侧。按住鼠标左键不
放，向左拖动鼠标，直到腰部周围的区域都被收缩满意为止，
如图 5-55、图 5-56、图 5-57 所示。

■图 5-54 设置笔画大小

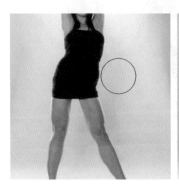

■图 5-55 放置光标位置

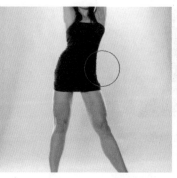

■图 5-56 收缩腰部

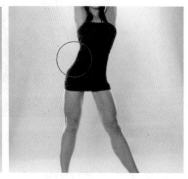

■图 5-57 收缩另一侧腰部

⊙STEP 5 按照同样方法对"腿部"、"胳膊"进行收缩，如图 5-58 所示。

⊙STEP 6 下面要对脸部进行收缩，首先选择工具栏中的"缩放工具"按钮对"脸部"
进行放大。在面板右侧的"工具选项"中将"画笔大小"设置为"50"，如图 5-59
所示。

■图 5-58　收缩胳膊和腿部　　　　　　　　　　　　■图 5-59　设置画笔大小

⊙ STEP 7　选择工具栏中的"向前变形工具"按钮。对"脸部"进行收缩，如图 5-60 所示。这样本例的制作就完成了，如图 5-61 所示。

■图 5-60　收缩脸部　　　　　　　　　　　　■图 5-61　最终效果

5.2.6　去除色斑

　　小数点在数学上是必不可少的，但是，在女人的脸上，始终是一种多余。如果要让人像的脸部显得更光滑，就需要使用 Photoshop 对其进行处理。本章以人像的暗色斑点为例，来阐述利用 Photoshop 使脸部光洁美丽的步骤。通过这些步骤的学习，读者可掌握 Photoshop 软件中"修复画笔"、"钢笔"、"加深工具"的应用方法和技巧。图像处理效果如图 5-62、图 5-63 所示。

■图 5-62　处理前

■图 5-63　处理后

具体的操作步骤如下。

▶ STEP 1　执行菜单栏中的"文件"→"打开"命令（快捷键〈Ctrl+O〉），打开素材图片"色斑.jpg"，如图 5-64 所示。

■图 5-64　打开素材

▶ STEP 2　按下两次〈Ctrl+J〉快捷键复制两个背景图层，如图 5-65 所示。

■图 5-65　复制背景图层

▶ STEP 3　选择图层"图层 1"。执行菜单栏中的"滤镜"→"模糊"→"高斯模糊"命令，打开"高斯模糊"对话框，设置"半径"为 2.0 像素，单击"确定"按钮，如图 5-66 所示。

▶ STEP 4　选择"图层 1 副本"。执行菜单栏中的"图像"→"应用图像"命令，打开"应用图像"对话框。设置如图 5-67 所示。设置完成后单击"确定"按钮。并在图层面板中将"图层 1 副本"图层的混合模式修改为"线性光"。至此就建立了高频、低频两个图层，低频修复色斑、高频保留细节。这样通过低频图层调整色斑不会对图像细节造成影响。

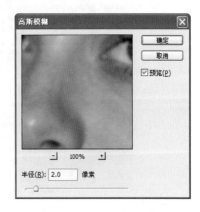

■图 5-66　设置高斯模糊

■ 图 5-67　设置应用图像

　⊙STEP 5　选择工具栏中的"📌图章工具"，将光标放到干净皮肤的位置，按〈Alt〉键取样，然后松开〈Alt〉键，在有"色斑"的皮肤上方涂抹，如图 5-68、图 5-69、图 5-70 所示。

　⊙STEP 6　执行菜单栏中的"图层"→"拼合图像"命令，对三个图层进行拼合。这样本例的制作就完成了，如图 5-71 所示。

■ 图 5-68　修复右侧脸颊

■ 图 5-69　修复左侧脸颊

■ 图 5-70　修复完成

■ 图 5-71　最终效果

5.2.7 化妆上色

人要衣装，佛要金装。作为人像，也需要包装和修饰。本章以人像的脸部为例，来阐述综合运用 Photoshop 使脸部上妆上色的步骤。通过这些步骤的学习，读者可掌握 Photoshop 软件中"图章工具"、"画笔"、"修补工具"的应用方法和技巧。图像处理前后的效果如图 5-72、图 5-73 所示。

具体的操作步骤如下。

⊙ STEP 1   执行菜单栏中的"文件"→"打开"命令（快捷键〈Ctrl+O〉），打开素材图片"化妆.jpg"，如图 5-74 所示。

■图 5-72　处理前

■图 5-73　处理后

■图 5-74　打开素材

⊙ STEP 2   单击工具箱中"🔖仿制图章工具"按钮，选择选项栏中的画笔为"柔角画笔"大小设置为 50 像素，如图 5-75 所示。

| 🔖 ▾ | ● 50 ▾ | ▦ 🔖 | 模式：| 正常 ▾ | 不透明度：30% ▸ | 🖉 | 流量：80% ▸ | 🖉 | ☑对齐 | 样本：| 当前图层 ▾ | 🚫 | 🖉 |

■图 5-75　图章选项栏

⊙ STEP 3   将鼠标光标放到眼角下方位置，如图 5-76 所示。按住〈Alt〉键，单击鼠标左键取样，然后释放〈Alt〉键，在眼角的皱纹处按下鼠标左键拖曳，将两侧眼角皱纹消除，如图 5-77 所示。

■图 5-76　取样

■图 5-77　图章消除皱纹

STEP 4 单击工具箱中 "涂抹工具" 按钮，在属性栏中选择 "柔角画笔"，设置画笔大小为 20 像素，将强度设置为 20%，在脸上涂抹，使皮肤显得自然而光滑，如图 5-78 所示。

STEP 5 单击工具箱中 "画笔工具" 按钮，选择 "柔角画笔"，不透明度设置为 30%，如图 5-79 所示。

■图 5-78 涂抹皮肤

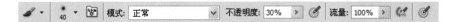

■图 5-79 画笔选项栏

STEP 6 按下〈Ctrl+J〉快捷键复制一个背景图层，设置前景色为 R:250、G:223、B:211，按住鼠标左键，在人物脸部拖动，为人物脸部涂抹粉底，如图 5-80 所示。

STEP 7 单击工具箱中的 "橡皮擦工具" 按钮，选择 "柔角画笔"，将人物五官上的粉底擦除，如图 5-81 所示。

■图 5-80 给皮肤画粉底

■图 5-81 擦除五官粉底

STEP 8 单击工具箱中 "画笔工具" 按钮，选择 "柔角画笔"，不透明度设置为 30%。设置前景色为 R:213、G:160、B:207，按住鼠标左键，在眼睑处绘制眼影，如图 5-82 所示。

STEP 9 单击工具箱中的 "修补工具" 按钮，选中 "源" 选项，将皮肤上的 "痘痘" 圈起来，如图 5-83 所示。按住鼠标左键将光标移到干净皮肤上松开鼠标，可以看到痘痘被修复了，如图 5-84 所示。按〈Ctrl+D〉快捷键取消选区，如图 5-85 所示。

⊚ STEP 10 　按照上一步骤将其他"痘痘"去除，这样本例的制作就完成了，如图 5-86 所示。

■图 5-82 画眼影

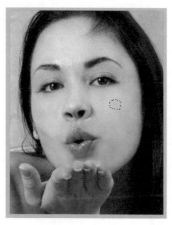

■图 5-83 选中选区

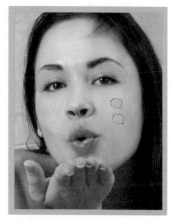

■图 5-84 拖动到干净皮肤上

■图 5-85 消除痘痘，取消选区

■图 5-86 最终效果

第6章

照片常用特效处理

　　照片不仅用来保存，有时还用来传播，这时就需要对照片进行一些特殊处理。照片的特殊处理应该从照片自身的性质、内涵等方面出发，应用恰当的创意和表现形式，向受众传播一种意境、一种美感，这样照片才能给人留下深刻的印象。照片应从图案、色彩、造型、材料等构成要素入手，在考虑照片特性的基础上，遵循照片处理的一些原则，如美化照片、创造意境等，使各项设计要素协调搭配，相得益彰，以取得最佳的设计方案。在这方面，Photoshop 可大显身手。本章主要讲述了 Photoshop 对照片进行特殊处理的常用工具，如通道工具、滤镜工具等，并结合实例，做了详细而明确的阐述。

6.1 照片特效处理常用工具

生活中，经常看到一幅招贴画或宣传页，上面的美女或楚楚动人，或火热奔放，总能给人无限遐想。其实，招贴画和宣传页上的照片只是设计师通过 Photoshop 软件的特效工具制作出来的，目的是给人深刻的印象。Photoshop 是集图像扫描、编辑修改、图像制作、广告创意，图像输入与输出于一体的图形图像处理软件，在照片的特效处理方面独具优势，深受广大平面设计人员和电脑艺术设计爱好者的喜爱。

特效制作在 Photoshop 中主要由滤镜、通道及各种工具综合应用完成。包括照片的特效创意和特效制作，如油画、浮雕、石膏画、素描等常用的传统美术技巧，都可藉由 Photoshop 特效完成。下面将就 Photoshop 中的常用特效工具做一个介绍，以便读者在兼职操作中得心应手。

6.1.1 通道的应用

通道主要是保存图像的颜色信息。每个颜色通道对应图像中的一种颜色。不同的颜色模式图像所显示的通道也不相同。通道主要有两种用途：一种是存储和调整图像的颜色信息，另一种是存储选区或制作蒙版，如图 6-1 所示。

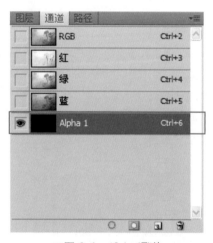

■图 6-1 Alpha 通道

（1）Alpha 通道

Alpha 通道是计算机图形学中的术语，指的是特别的通道。有时，它特指透明信息，但通常的意思是"非彩色"通道。

Alpha 通道是为保存选择区域而专门设计的通道，在生成一个图像文件时并不是必须产生 Alpha 通道。通常它是在图像处理过程中人为生成的，用来读取选择区域信息。因此在输出制版时，Alpha 通道会因为与最终生成的图像无关而被删除。

但有时，比如在三维软件最终渲染输出的时候，会附带生成一张 Alpha 通道，用以在平面处理软件中作后期合成。

除了 Photoshop 的文件格式 PSD 外，GIF 与 TIFF 格式的文件都可以保存 Alpha 通道。而

GIF 文件还可以用 Alpha 通道作图像的去背景处理。因此我们可以利用 GIF 文件的这一特性制作任意形状的图形，如图 6-2 所示。

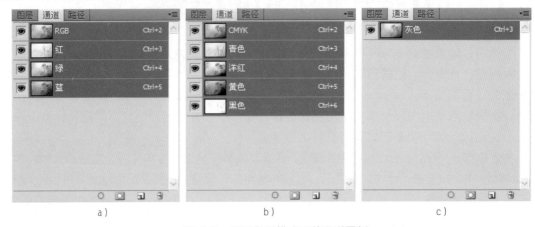

■图 6-2 不同色彩模式下的通道面板

a）RGB 颜色通道 b）CMYK 颜色通道 c）灰度颜色通道

（2）颜色通道

一个图片被建立或者打开以后是会自动创建颜色通道的。在 Photoshop 中编辑图像实际上就是在编辑颜色通道。

通道把图像分解成一个或多个色彩成分，图像的模式决定了颜色通道的数量，RGB 模式有 R、G、B 三个颜色通道，CMYK 图像有 C、M、Y、K 四个颜色通道，灰度图只有一个颜色通道，它们包含了所有将被打印或显示的颜色。当我们查看单个通道的图像时，图像窗口中显示的是没有颜色的灰度图像，通过编辑图像的灰度级，可以更好地掌握各个通道原色的亮度变化，如图 6-3 所示。

■图 6-3 专色通道

（3）专色通道

专色通道是一种特殊的颜色通道，它可以使用除了青色、洋红、黄色、黑色以外的颜色来绘制图像。

在印刷中为了让自己的印刷作品与众不同，往往要做一些特殊处理。如增加荧光油墨或夜光油墨、套版印制无色系等，这些特殊颜色的油墨都无法用三原色油墨混合而成，这时就要用到专色通道与专色印刷了。

在图像处理软件中，都存有完备的专色油墨列表。我们只需选择需要的专色油墨，就会生成与其相应的专色通道。但在处理时，专色通道与原色通道恰好相反，用黑色代表选取，用白色代表不选取。由于大多数专色无法在显示器上呈现效果，所以其制作过程也带有相当大的经验成分。

6.1.2 像素化滤镜组

像素化滤镜组主要通过单元格中颜色值相近的像素结成许多小块，并将这些小块重新组合或有机的分布来形成像素组合效果。该滤镜组中包括 7 种滤镜："彩块化"、"彩色半调"、"点状化"、"晶格化"、"马赛克"、"碎片"和"铜板雕刻"。

（1）彩色半调滤镜

"彩色半调"滤镜模拟在图像的每个通道上使用放大的半调网屏效果，从而使图像产生好像放大显示的彩色印刷品效果，如图 6-4 所示。

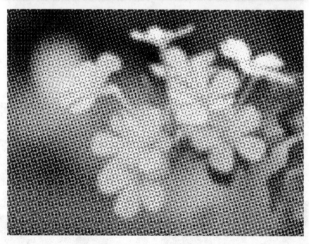

■图6-4 "颜色半调"效果对比

（2）点状化滤镜

"点状化"滤镜使图像产生随机分布的彩色斑点，空白部分使用背景色填充，如图 6-5 所示。

■图6-5 "点状化"效果对比

（3）晶格化滤镜

"晶格化"滤镜使图像中的像素结成多边形纯色块，如图6-6所示。

■图6-6 "晶格化"效果对比

（4）马赛克滤镜

"马赛克"滤镜通过将一定范围内单元格的像素统一颜色来产生马赛克的效果，如图 6-7 所示。

■图6-7 "马赛克"效果对比

6.1.3　风格化滤镜组

"风格化"滤镜组中的命令主要通过置换图像中的像素或查找并增加图像的对比度来创建生成绘画或印象派的效果。风格化滤镜组中包含 9 种滤镜："查找边缘"、"等高线"、"风"、"浮雕效果"、"扩散"、"拼贴"、"曝光过度"、"凸出"、"照亮边缘"。这里主要介绍"查找边缘"、"等高线"这两种，其他滤镜大家可自己动手来了解其效果。

（1）查找边缘滤镜

"查找边缘"滤镜使图像产生彩色铅笔勾描图像轮廓的效果。此滤镜没有可调参数，是一条直接执行的命令，如图 6-8 所示。

■图 6-8　"查找边缘"效果对比

（2）等高线滤镜

"等高线"滤镜是在图像中围绕每个通道的亮区和暗区边缘勾画轮廓线，从而产生三原色的细窄线条，使图像产生类似等高线图中线条的效果，如图 6-9 所示。

■图 6-9　"等高线"效果对比

6.1.4　扭曲滤镜组

"扭曲"滤镜组中的滤镜是通过移动、扩展或缩小构成图像的像素，从而创建 3D 效果或各种各样的扭曲变形效果。扭曲滤镜组中包括 13 种扭曲效果："波浪"、"波纹"、"玻璃"、"海洋波纹"、"极坐标"、"挤压"、"镜头校正"、"扩散亮光"、"切变"、"球面化"、"水波"、"旋转扭曲"和"置换"。这里主要介绍"波浪"、"挤压"和"扩散亮光"，其他滤镜大家可自己动手来了解其效果。

（1）波浪滤镜

"波浪"滤镜使图像产生波状的效果。该滤镜可由用户来控制波动扭曲图像的效果，是"扭曲"滤镜中最复杂、最精确的滤镜，如图 6-10 所示。"生成器数"设置图像中波纹的数量；"波长"设置波纹的宽度范围；"波幅"设置波纹的长度范围；"比例"通过拖动滑块调整波纹在水平和垂直方向上的缩放比例；"类型"提供了三种波纹形态。如图 6-11 所示"波浪"效果对比。

■图 6-10 "波浪"滤镜对话框

■图 6-11 "波浪"效果对比

（2）挤压滤镜

"挤压"滤镜以图像的中心为基准，使图像产生向内或向外的凹凸效果，如图 6-12 所示。

（3）扩散亮光滤镜

"扩散亮光"滤镜使用背景色为图像添加杂色，使图像产生一种弥漫的光漫射效果，如图 6-13 所示。

■图6-12 "挤压"效果对比

■图6-13 "扩散亮光"效果对比

6.1.5 渲染滤镜组

使用"渲染"滤镜组中的滤镜可在图像中创建 3D 形状、云雾状、折射照片和模拟光反射效果。"渲染"滤镜组共包含了 5 种滤镜："分层云彩"、"光照效果"、"镜头光晕"、"纤维"和"云彩"。这里主要介绍"分层云彩"和"镜头光晕",其他滤镜大家可自己动手来了解其效果。

（1）分层云彩滤镜

"分层云彩"滤镜使用随机生成的介于前景色与背景色之间的值，生成云彩照片。此滤镜将云彩数据和原有的图像像素混合，其方式与"差值"模式混合颜色的方式相同。多次应用该滤镜可创建出与大理石纹理相似的照片，如图 6-14 所示。

■ 图 6-14 "分层云彩"效果对比

（2）镜头光晕滤镜

"镜头光晕"滤镜模拟亮光照射到相机镜头所产生的折射。通过单击图像缩览图的任一位置或拖移其十字线，指定光晕中心的位置，如图 6-15 所示。

■ 图 6-15 "镜头光晕"效果对比

■ 6.1.6 素描滤镜组

"素描"滤镜组中的大部分滤镜都是通过使用前景色和背景色来置换原图中的色彩，同时为图像添加纹理，使图像产生 3D、精美的艺术品或手绘效果。"素描"滤镜组共包括 14 种滤镜："半调图案"、"便纸条"、"粉笔和炭笔"、"铬黄"、"绘画笔"、"基底凸现"、"水彩画纸"、"撕边"、"塑料效果"、"炭笔"、"炭精笔"、"图章"、"网状"和"影印"。这里主要介绍"半调图案"和"铬黄"，其他滤镜大家可自己动手来了解其效果。

（1）半调图案滤镜

使用"半调图案"滤镜，可在保持连续色调范围的同时，使用前景色和背景色为图像重新上色，并模拟半调网屏，使图像产生一种网板照片的效果，如图 6-16 所示。

■图 6-16 "半调图案"效果对比

（2）铬黄滤镜

"铬黄"滤镜可将图像处理成好像是擦亮的铬黄表面，使图像产生液体金属的质感。高光在反射表面上是高点，暗调是低点。应用此滤镜后，使用"色阶"可增加图像的对比度，如图 6-17 所示。

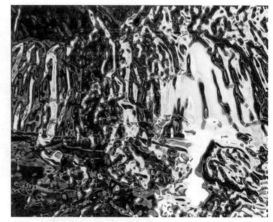

■图 6-17 "铬黄"效果对比

6.1.7 纹理滤镜组

"纹理"滤镜组中的滤镜模拟具有深度感或物质感的外观，使图像产生各种各样的纹理过渡的变形效果，常用来创建图像的凹凸纹理和材质效果。纹理滤镜组包括了 6 种滤镜："龟裂缝"、"颗粒"、"马赛克拼贴"、"拼缀图"、"染色玻璃"和"纹理化"。这里主要介绍"拼缀图"和"纹理化"，其他滤镜大家可自己动手来了解其效果。

（1）拼缀图滤镜

"拼缀图"滤镜将图像分解为用图像中该区域的主色填充的正方形，并根据图像的明暗设置正方形的高度，如图 6-18 所示。

■图 6-18 "拼缀图"效果对比

（2）纹理化滤镜

"纹理化"滤镜可在图像中添加系统提供的纹理效果，也可根据自定义文件的亮度值向图像中添加纹理，如图 6-19 所示。

■图 6-19 "纹理化"效果对比

6.2 常用特效处理实例

数码照片拍摄出来，由于受到各种因素的制约，总会有不尽如人意之处。为了让照片达到人们想要的效果，就必须对其进行后期制作和处理。在对照片进行特效处理的工具中，功能较为强大的莫过于 Photoshop。上文已经讲述了 Photoshop 对照片进行特效处理的常用工具。下面我们将结合几个实例，详细讲解一下特效工具的使用步骤。通过这些步骤的学习，读者可以掌握相关特效工具的使用方法和技巧。

6.2.1 雨景效果

夕阳西下，小船静静地停靠在岸边，显得多么宁静而祥和。此时如果能加点雨丝，更能衬托出小河的空旷和悠远。这时候我们就要使用到 Photoshop 的特效工具了。图像处理效果如图 6-20、图 6-21 所示。我们将就这幅照片，详细讲解一下雨景效果的制作步骤。通过这些步骤的学习，读者可掌握 Photoshop 软件中"点状化滤镜"和"动感模糊滤镜"的应用方法和技巧。

■图 6-20　处理前

■图 6-21　处理后

115

操作步骤如下。

STEP 1　执行菜单栏中的"文件"→"打开"命令（快捷键〈Ctrl+O〉），打开素材图片"下雨天.jpg"，如图 6-22 所示。

STEP 2　执行菜单栏中的"图层"→"复制图层"命令，打开"复制图层"对话框。单击"确定"按钮，将背景图层复制，名为"背景 副本"，如图 6-23 所示。

■图 6-22　打开素材

■图 6-23　复制"背景"图层

STEP 3　在图层面板中选择"背景 副本"图层。执行菜单栏中的"图像"→"调整"→"色相/饱和度"命令，打开"色相/饱和度"对话框，设置"色相"的值为 0，"饱和度"的值为 30，"明度"的值为-20，单击"确定"按钮，如图 6-24 所示。

STEP 4　执行菜单栏中的"滤镜"→"像素化"→"点状化"命令，打开"点状化"对话框。将单元格大小设置为 3，如图 6-25 所示。

■图 6-24　设置"色相/饱和度"的值

■图 6-25　使用"点状化"滤镜

STEP 5　执行菜单栏中的"图像"→"调整"→"阈值"命令，打开"阈值"对话框。设置阈值色阶为 220，如图 6-26 所示。

STEP 6　在"背景 副本"图层面板中的混合模式下拉列表中将其设置为"滤色"类型，如图 6-27 所示。

■图 6-26　设置阈值色阶

■图 6-27　设置图层混合模式

⊙ STEP 7   执行菜单栏中的"滤镜"→"模糊"→"动感模糊"命令，打开"动感模糊"对话框。将角度设置为-45度，距离设置为30像素，如图 6-28 所示。

⊙ STEP 8   执行菜单栏中的"图层"→"拼合图层"命令。这样本例的制作就完成了，如图 6-29 所示。

■ 图 6-28   使用"动感模糊"滤镜

■ 图 6-29   最终效果

6.2.2   彩色铅笔画

用彩色铅笔画的画，虽然颜色很淡，但是却有很丰富的色彩。那么，不用彩笔，只用一幅照片，能有彩色铅笔画的效果吗？答案是肯定的。下面我们将就一幅照片，详细讲解一下彩色铅笔画效果的制作步骤。通过这些步骤的学习，读者可掌握 Photoshop 软件中"高斯模糊"滤镜的应用方法和技巧，图像处理前后如图 6-30、图 6-31 所示。

操作步骤如下。

⊙ STEP 1   执行菜单栏中的"文件"→"打开"命令（快捷键〈Ctrl+O〉），打开素材图片"铅笔画.jpg"，如图 6-32 所示。

■ 图 6-30   处理前

117

■图6-31　处理后

■图6-32　打开素材

▶STEP 2　按下〈Ctrl+J〉快捷键复制背景图层。并选择"背景 副本"图层，如图 6-33 所示。

▶STEP 3　执行菜单栏中的"图像"→"调整"→"通道混合器"命令，打开"通道混合器"对话框，选中"单色"复选框。将红色的值设置为"+20"%、绿色的值设置为"+70"%、蓝色的值设置为"+0"%。然后单击"确定"按钮，如图6-34所示。

■图6-33　复制"背景图层"

■图6-34　设置"通道混合器"

⊙ STEP 4　执行菜单栏中的"图像"→"调整"→"反相"命令，对图像颜色进行反相处理，效果如图 6-35 所示。

⊙ STEP 5　在图层面板中将"背景副本"图层的混合模式修改为"颜色减淡"，如图 6-36 所示。

■ 图 6-35　对图像进行"反相"处理　　　　■ 图 6-36　修改图层的混合模式

⊙ STEP 6　执行菜单栏中的"滤镜"→"模糊"→"高斯模糊"命令，打开"高斯模糊"对话框。将半径设置为 4.0 像素，如图 6-37 所示。

⊙ STEP 7　如果觉得图像亮度太高可通过"曲线"进行调整。按下〈Ctrl+M〉快捷键打开"曲线"窗口，设置如图 6-38 所示。

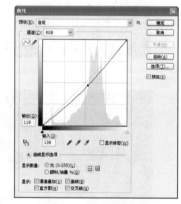

■ 图 6-37　使用"高斯模糊"滤镜　　　　■ 图 6-38　调整"曲线"

⊙ STEP 8　执行菜单栏中的"图层"→"拼合图层"命令。这样本例的制作就完成了，如图 6-39 所示。

■ 图 6-39　最终效果

6.2.3 制作光晕效果

夜光下的都市总能引起人们的沉思和遐想，但却少了点浪漫，如果有月光，温馨和情趣顿然而生。下面我们将就一幅照片，详细讲解一下光晕效果的制作步骤。通过这些步骤的学习，读者可掌握 Photoshop 软件中"镜头光晕"滤镜的应用方法和技巧，图像处理前后如图6-40、图6-41 所示。

■图6-40　处理前

■图6-41　处理后

操作步骤如下。

▶ STEP 1　执行菜单栏中的"文件"→"打开"命令（快捷键〈Ctrl+O〉），打开素材图片"夜景.jpg"，如图6-42 所示。

■图 6-42 打开素材

▶ STEP 2 执行菜单栏中的"文件"→"置入"命令。将素材"月亮素材.psd"置入到图像中。并移动到右上角,如图 6-43 所示。

■图 6-43 置入素材

▶ STEP 3 在"图层"调版中单击添加新图层按钮。添加一个新图层"图层 1"。按下快捷键〈D〉将工具箱中的调色器初始化为黑色前景色,白色背景色。再按下〈Alt+D〉快捷键将"图层 1"填充为黑色,如图 6-44 所示。

■图 6-44 新建图层

⊙ STEP 4　执行菜单栏中的"滤镜"→"渲染"→"镜头光晕"命令，打开"镜头光晕"对话框。将亮度设置为95%。其他选项默认，如图6-45所示。

⊙ STEP 5　调整图层顺序将"图层1"拖拽至"月亮素材-"图层的下方，并设置"图层1"的混合模式为"滤镜"，如图6-46所示。

■图6-45　使用"镜头光晕"滤镜　　　　　■图6-46　调整图层顺序

⊙ STEP 6　在工具箱中选择"画笔工具"。调整画笔类型和大小如图6-47所示。

■图6-47　调整画笔

⊙ STEP 7　在图层面板中双击"月亮素材-"图层名称，打开图层样式对话框。选择内发光复选框，对其进行设置，设置的值如图6-48所示。

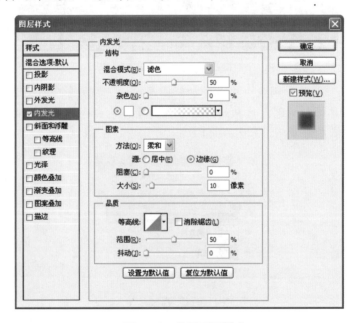

■图6-48　设置图层样式

122

STEP 8 在"图层 1"中对月亮右上角部位使用画笔工具，执行菜单栏中的"图层"→"拼合图层"命令。这样本例的制作就完成了，如图 6-49 所示。

■图 6-49　最终效果

6.2.4　反转片负冲效果

反转片经过负冲得到的照片色彩艳丽，反差偏大，景物的红、蓝、黄三色特别夸张。客观地讲，反转片负冲比负片负冲在色彩方面更具表现力，其色调的夸张表现是彩色负片所不及的。如果我们想使照片达到这种负冲效果，是否可以通过 Photoshop 软件制作出来呢？答案是肯定的。下面我们将就一幅照片，详细讲解一下反转片负冲效果的制作步骤。通过这些步骤的学习，读者可掌握 Photoshop 软件中 "通道"的应用，图像处理前后如图 6-50、图 6-51 所示。

■图 6-50　处理前

■ 图6-51　处理后

操作步骤如下。

▶ STEP 1　执行菜单栏中的"文件"→"打开"命令（快捷键〈Ctrl+O〉），打开素材图片"夜景.jpg"，如图6-52所示。

■ 图6-52　打开素材

▶ STEP 2　在通道面板中选中蓝色通道，执行菜单栏中的"图像"→"应用图像"命令，打开"应用图像"对话框。在"应用图像"对话框中选中"反相"复选框。混合模式选择"正片叠底"，不透明度为48％，单击"确定"按钮，如图6-53所示。

▶ STEP 3　在通道面板中选中绿色通道，执行菜单栏中的"图像"→"应用图像"命令，打开"应用图像"对话框。在"应用图像"对话框中选中"反相"复选框。混合模式选择"正片叠底"，不透明度为20％，单击"确定"按钮，如图6-54所示。

■图 6-53 蓝色通道设置"应用图像"　　　　■图 6-54 绿色通道设置"应用图像"

⊙ STEP 4 在通道面板中选中红色通道，执行菜单栏中的"图像"→"应用图像"命令，打开"应用图像"对话框。在混合模式选择"颜色加深"，不透明度为100%，单击"确定"按钮，如图6-55所示。

⊙ STEP 5 在通道面板中选中蓝色通道，执行菜单栏中的"图像"→"色阶"命令，打开"色阶"对话框。在"输入色阶"三栏中输入：25、0.70、160。单击"确认"按钮，如图6-56所示。

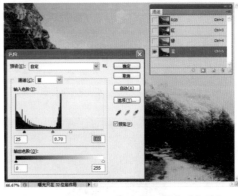

■图 6-55 红色通道设置"应用图像"　　　　■图 6-56 修改蓝色通道"色阶"

⊙ STEP 6 在通道面板中选中绿色通道，执行菜单栏中的"图像"→"色阶"命令，打开"色阶"对话框。在"输入色阶"三栏中输入：40、1.15、220。单击"确认"按钮，如图6-57所示。

■图 6-57 修改绿色通道"色阶"

⊙STEP 7　在通道面板中选中红色通道，执行菜单栏中的"图像"→"色阶"命令，打开"色阶"对话框。在"输入色阶"三栏中输入：50、1.35、255。单击"确认"按钮，如图6-58所示。

■图6-58　修改绿色通道"色阶"

⊙STEP 8　选中通道面板中全部 RGB 通道，执行菜单栏中的"图像"→"调整"→"亮度/对比度"命令。打开"亮度/对比度"对话框。设置亮度值为-7，对比度值为 20。单击"确定"按钮确认，如图 6-59 所示。

■图6-59　设置"亮度/对比度"

⊙STEP 9　执行菜单栏中的"图像"→"调整"→"色相/饱和度"命令。打开"色相/饱和度"对话框。调整饱和度为20，单击"确定"按钮确认，如图6-60所示。

■图 6-60 设置"色相/饱和度"

⊙ STEP 10 这样本例的制作就完成了，如图 6-61 所示。

■图 6-61 最终效果

第7章

结婚相册的
设计与处理

　　结婚，是每对新人、情侣美好爱情的结晶，是爱情升华后的必然结局。想要把这段结晶过程记录下来，可以做本个性结婚相册，把结婚拍下的照片和结婚典礼上的祝福设计成爱的故事书。精美的个性结婚相册，既能用照片留住永恒的瞬间，也能让瞬间变成永恒的记忆。在这方面 Photoshop 软件中的相关工具就大有作为。利用 Photoshop 对照片导入、处理以及设计合成，个性化的结婚相册就成了永远的珍藏。本章主要讲述一些结婚照片的拍摄以及照片的导入与处理等相关知识，读者学习后，一定能制作出令人艳羡的结婚相册。

7.1 结婚相册设计基本知识

结婚相册是所有走进婚姻殿堂的人们永远的回忆，它不仅是幸福的象征，也是心里永远的珍藏。它留给人们的是幸福的回忆和永远的甜蜜。为了永远地留住这份回忆，结婚相册的设计制作不能过于草率，而要赋予创意，赋予它应有的诗情画意。要想制作出一本极具个性而精致的结婚相册，就必须了解一些结婚相册设计的基本知识。下面我们将对这些方面展开进一步的阐述，以帮助读者在兼职中得心应手。

7.1.1 拍摄专业的结婚照片

拍摄是一种艺术，也是一种技巧。在拍摄时，不仅要有一些拍摄的基本知识，而且要掌握一些拍摄的方法和技巧，这样才能充分利用手中的相机，拍摄出高水平的照片。下面依据我们多年的经验和心得，谈谈拍摄照片的一些常识和技巧，以便读者快速掌握。

1. 认识数码相机

数码相机最早出现于 20 世纪 80 年代中期，不过由于当时关键元器件的制作成本居高不下，核心技术尚不成熟，拍摄效果与传统相机相比有较大差距，直到 90 年代初也只在新闻界和部分专业图像制作领域小范围内使用。随着技术的不断成熟、提高，高像素处理芯片的产生，液晶显示屏价格的下降等等，数码相机的价格也随之下降，再加上众多国际名厂的介入，数码相机的品质、拍摄质量也大幅度提高，拍摄效果已经能与传统高档照相机相媲美了。

从外观上看，数码相机和传统相机并没有太大的区别，一样由镜头、取景框、快门、闪光灯等组成，如图 7-1、图 7-2 所示的这两款相机。传统的相机显得太复杂了，有很多的配件，数码相机看起来轻盈小巧。

■图 7-1　传统相机

■图 7-2　数码相机

（1）与传统相机相同的地方

传统相机和数码相机都是用来拍摄成像的，两者相比，光学成像部分是完全相同的，都有镜头、闪光灯、取景器以及相应的机械装置。

数码相机也有可以自动调焦的镜头，从这些指标上可以看到二者完全相同。传统的一台专业相机是需要很多镜头的，如图 7-3 所示。

（2）数码相机不用的部分

与传统相机相比，数码相机舍弃以卤化银为感光材料的胶片（如图 7-4 所示）以及相应的机械装置（比如底片仓、过卷钮等等），代之以电子成像器件和存储设备。数码摄影使用电荷耦合元件（Charge Couple Device，CCD，其作用是将光信号转换成模拟信号）来成像，经过转换，再将模拟信号转成数字信号存入到存储器中。

■图 7-3　相机镜头

■图 7-4　胶卷

（3）数码相机特有的部分

在舍弃传统相机中的某些装置的同时，数码相机添加了传统相机所没有的液晶显示屏、各种输出接口和存储卡插口，当然在传统的相机中是找不到这些特殊部件的。

1）数码相机的液晶显示屏

液晶显示屏通常在数码相机的背面，大小一般为 1.8 英寸或 2 英寸，可用作取景、设置操作参数的窗口，显示选项和显示拍摄图像，如图 7-5 所示。

2）特有的输出接口

输出接口是数码相机输出影像时与输出设备相连的接口。数码相机可以把图像输送到电脑中显示，同打印机相连可以把拍摄的图像打印成传统的相片，或同电视连接使用 VIDEO OUT 接口，如图 7-6 所示。

■图 7-5　液晶显示屏

■图 7-6　输出接口

3）存储卡插口

存储卡插口用于安装数码相机使用的各类存储装置，由于各品牌的数码相机的设计有所不同，所以存储卡插口的位置也有些不一样，插入和取出的方式基本上像一个开关一样：按下装上，再按下弹出，如图 7-7 所示。

■图 7-7　存储卡插口

2．拍摄之前的准备工作

一般数码相机机身都配备有电池盒来安装电池。不同的数码相机安装电池的方法也不大一样，下面以最常见的揭盖式电池盒为例，来说明安装电池的方法（本书主要以 SONY 相机的操作为例）。安装电池的操作步骤如下。

1）按下打开电池盒按钮，如图 7-8 所示。

2）向上打开电池盒盖，如图 7-9 所示。

■图 7-8　电池盒按钮　　　　　　■图 7-9　打开电池盒

3）将碱性电池或专用蓄电池放入电池盒内，如图 7-10 所示。

4）最后关闭电池盒盖，完成安装，如图 7-11 所示。

■图 7-10　放入电池　　　　　　■图 7-11　关闭电池盒

存储卡是数码相机所拍摄相片的载体，相当于普通相机的胶卷一样，把它安装到数码相机的步骤如下。

1）关闭数码相机的电源，打开存储盖锁定开关，如图 7-12 所示。

2）按照盒盖内侧提示的方向，插入存储卡，如图 7-13 所示。

3）关闭存储卡盒盖，盒盖自动锁定。

■图 7-12　打开存储盖锁定开关　　　　　　■图 7-13　插入存储卡

3．拍摄的基本操作

做好上面的准备工作后，就可以用数码相机进行拍摄了。用数码相机拍摄的方法与传统相机基本相同，不同之处是数码相机增加了一些数字化设置操作，如设置分辨率、拍摄模式等等，使得初次数码相机的用户觉得有些不习惯。不过，一旦适应了新的摄影操作方法，就会体会到数码相机的优越性了。下面就让我们一起来了解一下基本操作知识吧！

（1）打开镜头

不同型号的数码相机的开机方法各有不同，有些使用按钮，有些只需打开镜头盖就行了。

（2）相机的握法

良好的握持方法可以使相机机身稳定。握持是指在没有三角架的情况下，为取得良好的拍摄效果，稳定相机机身的一般握持方法。其特点是灵活且无需添加额外设备。握持数码相机的方法有水平、垂直两种，只是眼睛不用再贴到取景框上。

一般情况下，使用双手操作便可以较好地管理照相机机身。如果双手悬空，抖动得厉害，将腕部、肘部贴紧身体的某一部分也能起到稳定支撑的作用。此外在用半蹲姿势拍摄人物时，还会起到烘托主体作用，让人物显得高大、健美。

拍摄静止和细小物体时，任何轻微的动作，哪怕是呼吸，也会造成相机的晃动，影响图像的拍摄效果。这时就需要一个稳定的支撑了。

无论在室内拍摄还是在室外拍摄，因地制宜地借用随处可见的桌椅、台阶，甚至高度适当且平坦的石头或树干等，都可以成为稳定相机的支撑物。

■图7-14　三角架

当然，最好的支撑物还是专用的三角架（如图7-14所示），它能在任何一种地面上稳定、水平地支撑照相机。

4．拍摄婚纱照的技巧

对于婚纱摄影，我们追求的是种美感，所以大部分摄影师就会选择单反相机。利用单反相机拍摄出的婚纱照效果更好，美感更强。单反拍摄有好些技巧，下面就给大家介绍一些单反相机的婚纱摄影技巧。

（1）用好白平衡

许多的婚纱摄影师都遇过到这样的一种情况：在正常目视下是白颜色的婚纱或者其他白色的东西，在较暗的光线下看起来就不是白色的了。另外在一些特殊光源的反射光下的白色事物看上去也不是白色。

一般来说，CCD并没有办法像人眼一样自动修正光线的改变，只能根据不同情况来默认白色，用来平衡其他颜色在有色光线下的色调。如果数码照片有偏色的现象，就是因为没有调整好白平衡。白平衡有多种模式来适应不同的场景拍摄，例如：荧光白平衡、钨光白平衡、内白平衡、手动白平衡、自动白平衡，所以大家在拍摄婚纱照之前要根据不同的场景选择不同的白平衡。

（2）光圈优先

光圈优先指的是拍摄者开始选择拍摄所需要的光圈，然后由数码相机根据现场光线情况来确定所需要的快门速度。光圈越大，进光量就越大，背景虚化的效果也就越明显，被拍摄的主体就会更突出；光圈越小，进光量越小，焦点前后景深越大。一般来说，进行微距拍摄常常会运用较大光圈来达到虚化杂乱背景的目的和效果。而在拍摄人物风景时，为了取得前后清晰，细节丰富的图像，常常采用较小的光圈来进行拍摄。也就说，小光圈适合风景拍摄，大光圈适合微距拍摄。

（3）快门优先

快门优先是指在手动定义快门速度的情况下通过相机测光自动获取光圈值。在拍摄运动型的婚纱照时我们时常会发现拍摄出来的人物是模糊的，这多半就是因为快门的速度还不够快。这种情况可以使用快门优先模式，大致的确定一个快门值，然后进行婚纱摄影。当快门速度低于 1/60 秒时，建议大家使用三脚架对婚纱进行拍摄，避免手的抖动影响照片的清晰度。快门越慢，进光量越大；快门越快，进光量越少。快门优先多用于拍摄运动的物体，特别是在拍摄休闲婚纱照中最常用。慢速快门可以实现运动物体的虚化，而高速快门可以用于凝固物体瞬间的状态。

（4）手动曝光模式

手动曝光模式完全由用户确定拍摄时需要的光圈和快门速度。用户可以根据自己的创作意图和预计的拍摄效果进行光圈和快门速度的设置，这为用户提供了极大的自由度。当设定超过感光度时，相机会通过声音或闪烁的灯光给以提示。对于经验不足的摄影新手来说，手动曝光模式操作稍显复杂，有一定难度，难以抓拍稍纵即逝的美景。

（5）自动曝光

自动曝光是数码相机根据光线情况自动分析并选择曝光强度的一种曝光方式，也就是人们所说的傻瓜式操作。这种方式没有任何技术性可言，一切都依靠数码相机自动识别。根据拍摄现场光线的具体情况自动设置所使用的光圈和快门速度。当光线不足时，相机将会自动打开机内闪光灯。

（6）曝光补偿的调节

在复杂的光线及强对比高反差的环境下，利用快门、光圈优先模式或自动曝光，可能会很难照顾全面，以至于无法突出主题，达不到预期的婚纱摄影效果，这时就需要拍摄者手工对拍摄设备进行相应的曝光参数的调整，这就是曝光补偿，英文缩写称作EV。对于初学者来讲，曝光补偿一般用于静物、景物拍摄的场合。这种场合适合进行参数调整，用不同的补偿方案拍摄多张照片以供挑选。不过在反差极大的画面中，曝光补偿也很难做到周全。

（7）侧光拍摄技巧

侧光是指从被摄对象侧面照射过来的光线，它能使被摄体表面由于凹凸不平而呈现出部分阴影，使物体受光面与明暗面各自有明显的表现，既能勾勒出被摄物的轮廓，又能体现立体感、层次感，这种光线的表现力最强，因此侧光是婚纱照摄影用光时最为常用的光线。但在运用侧光时，要注意控制好受光面与暗面在画面造型中所占的比例。通常斜射光的角度是最好的，当光线的方向与景物平面呈 45°左右的角度时，被摄物体受光面与阴暗面的比例相当，也比较符合人们平常的视觉习惯。

7.1.2 图层混合模式

图层混合模式是 Photoshop 中一项相当重要的功能，它决定了像素的混合方式，运用混合模式可制作出特别的效果，但不会对图像造成任意破坏。在抠选图像时，混合模式也发挥着重要作用，除了"背景"图层外，其他图层都支持混合模式。

Photoshop CS5 提供了 27 种不同的混合模式，它们被分为 6 组，如图 7-15 所示。每一组混合模式彼此之间都有相似的效果或者相近的用途。默认的混合模式为"正常"模式，这个时候上方图层的不透明区域会遮盖下方图层中的图像，若设定为其他模式，当前图层中的像素会和下方图层中的像素产生混合，从而影响图像的显示效果。

（1）正常模式

系统默认的模式。选择此模式后，当"不透明度"为 100% 时，当前选择图层将完全遮盖住下面的图层；当"不透明度"小于 100% 时，将轻易实现图层的混合，如图 7-16 所示。

（2）溶解模式

当"不透明度"为 100% 时，该模式无效果；当"不透明度"小于 100% 时，当前选择图层中的像素将随机消失，并在像素消失部分显示下面图层中的图像，如图 7-17 所示。

■ 图 7-15　混合模式

■ 图 7-16　正常模式

■ 图 7-17　溶解模式

（3）变暗模式

"变暗"模式用两个图层中颜色较深的像素覆盖颜色较浅的像素，从而使图像产生变暗的混合效果，如图 7-18 所示。

（4）正片叠底模式

在"正片叠底"模式，图像整体效果总是相对较暗，如图 7-19 所示。在此模式中，黑色和任何颜色混合之后还是黑色；而任何颜色与白色混合，颜色不变。

■图 7-18 变暗模式

■图 7-19 正片叠底模式

（5）颜色加深模式

应用"颜色加深"模式，将降低最终图像的亮度，并加深色彩，如图 7-20 所示。

（6）线性加深模式

应用"线性加深"模式，将查看每个通道中的颜色信息，并通过减小亮度使背景层中的图像颜色变暗，如图 7-21 所示。与白色混合则不产生变化。

■图 7-20 颜色加深模式

■图 7-21 线性加深模式

（7）深色模式

应用"深色"模式，将保留两个图层中颜色较深的像素，如图 7-22 所示。

（8）变亮模式

这种模式仅当图层的颜色比背景层的颜色浅时才有用，此时图层的浅色部分将覆盖背景层上的深色部分，如图 7-23 所示。

（9）滤色模式

应用"滤色"模式，最后的图像效果总是较亮的，如图 7-24 所示。用黑色过滤时背景色彩保持不变；用白色过滤将产生白色。

（10）颜色减淡模式

使用"颜色减淡"模式可使图层的亮度增加、颜色减淡。效果比滤色模式更加明显，如图 7-25 所示。

■ 图 7-22　深色模式

■ 图 7-23　变亮模式

■ 图 7-24　滤色模式

■ 图 7-25　颜色减淡模式

（11）线性减淡模式

选择"线性减淡"模式将运行和线性加深相反的操作，如图 7-26 所示。

（12）浅色模式

应用"浅色"模式，将保留两个图层中颜色较浅的像素，如图 7-27 所示。

■ 图 7-26　线性减淡模式

■ 图 7-27　浅色模式

（13）叠加模式

"叠加"模式的效果相当于图层同时使用正片叠底模式和滤色模式两种操作。使用该模式的图层，将与其 P 层的颜色产生混合，但保留其亮度和暗度，如图 7-28 所示。

■图 7-28　叠加模式

（14）柔光模式

"柔光"模式类似于将点光源发出的漫射光照到图像上，产生温顺的混合色调，如图 7-29 所示。

■图 7-29　柔光模式

（15）强光模式

该模式的效果类似于将聚光灯照射到图像上，如图 7-30 所示。图像的最终效果取决于图层上颜色的亮度。如果当前图层中图像的颜色比 50%灰色亮，则图像变亮，反之则图像变暗。

■图 7-30　强光模式

（16）亮光模式

"亮光"模式是通过增加或减小图像对比度来加深或减淡颜色。如果当前图像颜色比 50%灰色亮，则通过减小对比度使图像变亮，如图 7-31 所示。

■图 7-31　亮光模式

（17）线性光模式

该模式通过减少或增加亮度来加深或减淡颜色。如果当前图像的颜色比 50%灰色亮，则通过增加亮度使图像变亮，如图 7-32 所示。

（18）点光模式

使用"点光"模式可根据当前图层颜色的不同而产生不同替换颜色的效果。如果当前图层的颜色比 50%的灰色亮，则替换比当前图层颜色暗的像素，而不调节比当前图层颜色亮的像素，如图 7-33 所示。

■图 7-32　线性光模式　　　　　　　　■图 7-33　点光模式

（19）实色混合模式

"实色混合"模式将上方图层和下方图层的颜色混合，并通过色相和饱和度来强化混合颜色，使画面呈现一种高反差效果，如图 7-34 所示。使用白色混合则显示为白色。

■图 7-34　实色混合模式

（20）差值模式

"差值"模式将当前选择图像和背景层的颜色相互抵消，以产生一种新的颜色效果，如图 7-35 所示。

（21）排除模式

"排除"模式更像"差值"模式温顺且具有灰色背景的版本，其产生的效果与"差值"模式相似但对比度较低，如图 7-36 所示。该模式与白色混合也将产生反相效果。

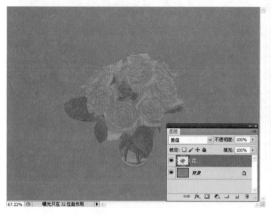 

■图 7-35　差值模式　　　　　　　　　　　■图 7-36　排除模式

（22）色相模式

"色相"模式将背景图层颜色的亮度和饱和度与当前图层颜色的色相混合，如图 7-37 所示。

（23）饱和度模式

"饱和度"模式将背景图层颜色的亮度和色相，与当前图层颜色的饱和度混合，如图 7-38 所示。

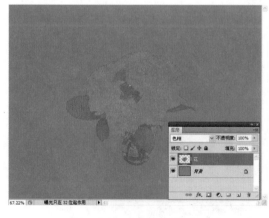 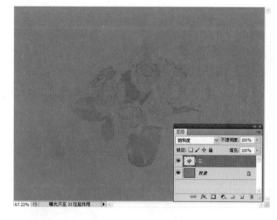

■图 7-37　色相模式　　　　　　　　　　　■图 7-38　饱和度模式

（24）颜色模式

"颜色"模式将当前图层的色相和饱和度与背景图层中图像的亮度混合，创建的图像可将灰阶保留下来，如图 7-39 所示。

（25）亮度模式

"亮度"模式是用当前图层的亮度与背景图层中图像的色相和饱和度混合，创建的图像效果如图 7-40 所示。

■图 7-39　颜色模式　　　　　　　　　　　　　■图 7-40　明度模式

7.2　结婚相册实例：恩爱百年

　　婚礼现场是"结婚"进程中的重头戏，很多新人为留下更多结婚的点点滴滴，不惜重金打造自己的结婚相册，甚至有些老年人，为了在自己年老的时候留下婚姻的美好记忆，也在倾情打造自己的精彩瞬间。让结婚相册留住我们婚姻中的真爱足迹，是我们每一个人的愿望。为了永远留住这份真情，留下这份精彩，下面将依据我们的经验和心得，从照片的导入、处理、设计和制作等方面，阐述结婚相册的设计和制作。如图 7-41 所示是一幅结婚相册的效果图。

■图 7-41　最终效果

7.2.1　照片的导入

在制作结婚相册之前，首先要做的就是把照片导入 Photoshop。结婚照片的导入步骤如下。

⊙ STEP 1　执行菜单栏中的"文件"→"打开"命令（快捷键〈Ctrl+O〉），打开素材图片"婚纱.jpg"，如图 7-42 所示。

⊙ STEP 2　执行菜单栏中的"文件"→"打开"命令（快捷键〈Ctrl+O〉），打开素材图片"婚纱2.jpg"，如图 7-43 所示。

■图 7-42　打开"婚纱.jpg"

■图 7-43　打开"婚纱 2.jpg"

7.2.2　照片的处理

精致在于修饰。因为各种因素的存在，拍摄出来的照片总会存在一点瑕疵。要把美好的形象展现在人们面前，就必须对照片进行处理。照片处理的步骤如下。

⊙ STEP 1　在 Photoshop 中打开"婚纱 1.jpg"，如图 7-44 所示。

⊙ STEP 2　在工具箱中选择" 快速选择工具"，沿着人物外围按住鼠标左键拖动，选取出人物的外围区域，如图 7-45 所示。

⊙ STEP 3　在图像编辑区域按下鼠标右键选择"选择反相"命令，将人物大致选取，如图 7-46 所示。

⊙ STEP 4　单击选项栏中的"调整边缘"按钮，打开"调整边缘"对话框。对选取的人物边缘进行细致修整，如图 7-47 所示。

⊙ STEP 5　单击"视图"下拉菜单。选择"黑底"选项。将背景设置为黑色。以便于更好的修整，如图 7-48 所示。

■ 图 7-44　导入素材　　■ 图 7-45　选取人物外围区域　　■ 图 7-46　选择反向

■ 图 7-47　打开"调整边缘"对话框　　　　　■ 图 7-48　设置背景色

▶ STEP 6　仔细观察边缘局部会发现有遗留的环境颜色和不太整齐的地方。首先选中"显示半径"复选框，再选中"边缘检测"中的"智能半径"复选框，将"半径"的值设置为 5.0 像素。通过对图像边缘的观察设置，"调整边缘"中"移动边缘"的值为−36%。使边缘缩小去除遗留的环境颜色，如图7-49 所示。

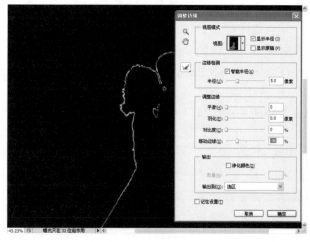

■ 图 7-49　对图像边缘进行调整

STEP 7   放大图像发现人物头发和衣服的位置有些地方被破坏了，我们通过"✎调整半径工具"和"✎抹除调整工具"对图像进行进一步修整，如图 7-50 所示。

STEP 8   修复完成后单击"确定"按钮确认。按下键盘上快捷键〈Ctrl+C〉复制选区。再按下〈Ctrl+V〉快捷键粘贴选区到新建图层"图层 1"，如图 7-51 所示。到这一步可先保存此照片。

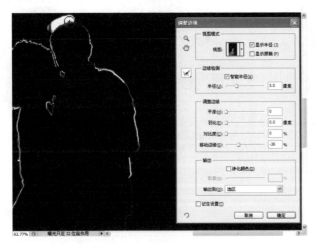

■ 图 7-50　修复边缘细节　　　　　　　　　　■ 图 7-51　拷贝生成图层

7.2.3　相册的合成

上面介绍了照片的导入和处理，下面就进行到照片的合成了，照片合成的步骤如下。

STEP 1   执行菜单栏中的"文件"→"打开"命令（快捷键〈Ctrl+O〉），打开素材图片"婚纱模板.psd"，如图 7-52 所示。

STEP 2   在 Photoshop 中打开"婚纱 1.jpg"，如图 7-53 所示。

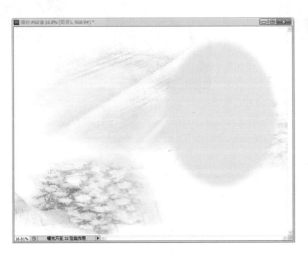

■ 图 7-52　打开素材　　　　　　　　　　　　■ 图 7-53　打开照片

▶ STEP 3　将"婚纱 2.jpg"图像拖入到"婚纱模板.psd"中，生成"图层1"图层，如图 7-54 所示。

▶ STEP 4　在图层面板中调整"图层1"的顺序，将"图层1"的位置调整到如图 7-55 所示。

■ 图 7-54　导入图片

■ 图 7-55　调整图层位置

▶ STEP 5　将"婚纱.jpg"图像拖入到"婚纱模板.psd"中。生成"图层 2"图层，如图 7-56 所示。

▶ STEP 6　调整"图层 2"的位置，在图层面板中单击"添加矢量蒙版"按钮，如图 7-57 所示。

■ 图 7-56　导入图片

■ 图 7-57　调整图像位置

▶ STEP 7　在工具箱中选择"🖌画笔工具"。单击"默认前景色和背景色"按钮。在人物下方使用"画笔工具"，如图 7-58 所示。

▶ STEP 8　双击"图层 2"图层打开图层样式窗口。在"混合选项"选项卡中设置不透明度为"70"%，如图 7-59 所示。勾选"光泽"选项卡。在混合模式下拉列表中选择"颜色"。其他都为默认值，如图 7-60 所示。

■图 7-58 对图像进行蒙版处理

■图 7-59 调整"混合选项"样式

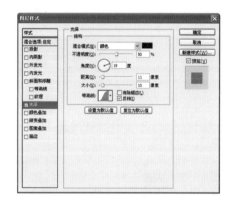

■图 7-60 调整"光泽"样式

> STEP 9 到此步骤,相册已基本成型,如图 7-61 所示。

> STEP 10 如要在相册中添加文字,可通过喜好设置字体与大小。至此,本页制作完成,效果如图 7-62 所示。

■图 7-61 相册效果   ■图 7-62 最终效果

145

第8章

宝宝相册的设计
与处理

现代社会，很多家长都希望自己的孩子能够快乐而健康地成长。同时，在孩子成长过程中，能把其成长足迹记录下来，为以后留下幸福美好的回忆。宝宝相册就是一种载体。它不仅包含了宝宝的瞬间记录，而且展示了宝宝一连串美好的时光。相册设计应该从宝宝相片自身的性质、理念等方面出发，应用恰当的创意和表现形式来展示宝宝个人的风采和魅力，这样相册才能给人留下深刻的印象。在这过程中，还需要摄影和修图的共同完成，本章正是从这个角度入手，分别对照片的导入、处理、合成设计等方面做了详细的阐述，以便读者快速掌握。

8.1 宝宝相册的设计基础知识

方寸之间，尽显美丽身影；精致制作，尽显动人魅力。宝宝相册的设计，能把宝宝成长的瞬间完全展现在人们的眼前。在这过程中，需要摄影和修图的共同完成。本章主要讲解宝宝摄影的一些技巧，以便读者迅速地掌握，并在兼职中一展身手。给宝宝们拍照片，不仅需要良好的器材，还需要一定的拍摄技巧。大家都知道拍摄小孩子与拍摄一般的人物照片不同，小孩子好动、表情丰富，而且并不会听指挥，也不会配合拍摄，还有的一上来脾气谁也把持不住。所以如何发挥相机的优势，抓住最好的拍摄时机，都是有技巧可言的。下面就是我们平时给小宝宝们拍照所总结出的一些经验技巧和注意事项。

8.1.1 提高抓拍的成功率

孩子好动、活泼、爱笑，这是他们的天性，也是我们喜欢看到并想拍下来作为纪念的。不过对于家用数码相机来说，捕捉孩子的一举一动并且清晰地保存下来，并不是那么容易的，这就需要一些小小的技巧了。首先，利用自己手中相机的特长，比如打开相机的光学防抖开关，或者将感光度调高，都能提高拍摄的成功率。另外，预测最佳拍摄时机也是比较重要的一点，在孩子的游戏玩耍中，试着预测可能出现的精彩场面，如图 8-1 所示宝宝试着要去抓东西。虽然机会转瞬即逝，但是我们还是可以做好充分的准备。比如在孩子踢球或者喝水时，事先做好构图，半按下快门，等到精彩的时刻出现在构图中时，再完全按下快门记录下来。

■图 8-1 宝宝照片 1

8.1.2 抓住孩子最自然的表情

给孩子拍摄需要注意多交流，孩子的笑容来自于自然和交流。在室内给孩子拍照，孩子未免有所拘束，表情也不够自然，理想的儿童照片来自于与孩子一起游戏以及在游戏中与孩子的交流。不要给孩子下命令，也不要要求他摆出什么特别的姿势表情，这样孩子的表情往往会显得很僵，孩子会在特别喜爱的活动中突然表现出最好最自然的表情，这个时候才是按下快门的最佳时机，如图 8-2 所示孩子微笑时的拍摄效果。另外，抓住孩子的笑容并不是拍摄的全部内容，我们应该抓住孩子在各种状态下的表情，记录他的成长点滴，也记录他的喜怒哀乐。记录下孩子笑的、哭的、怒的，也可拍摄沉默的、发呆的、做怪的，只要是自己宝宝的照片，妈妈们肯定都会喜欢，将来拿出来

■图 8-2 宝宝照片 2

翻看也会觉得丰富多彩。

8.1.3 变化拍摄的角度

儿童照片记录着成长的经历，应该是多维多向的。拍摄时至少应有三个角度，与儿童平视角度拍、站高些俯拍、蹲下甚至躺下来仰着拍，尽量多拍摄垂直角度上的变化，如图 8-3 所示躺着拍的效果也不错。还可以多拍些特写，正面的、侧面的，不同的视角会有不同的效果，角度变换才会有新奇的东西出来。

■图 8-3　宝宝照片 3

8.1.4 变化拍摄的距离

大多数照片拍摄者与孩子的距离在 2～3 米，照片内容以全身或大半身像为主，缺少距离感，看着也单调。可以按照中景（2～3米）、近景（1 米以内）、远景（3 米以上），甚至特写（0.5 米左右）对儿童进行拍摄，近到有些自然的变形，远到融入环境之中，如图8-4 所示的近距离拍摄效果。除了用中长焦镜头，也可用广角镜头。就好像一部电影多些场景的变化，才更"生活"。

■图 8-4　宝宝照片 4

8.2　宝宝相册实例：快乐宝贝

孩子好动、活泼、爱笑，这是他们的天性，也是我们喜欢看到并想拍下来作为纪念的。为了把这些照片长久地保存起来，使之成为永远的纪念，就要利用工具对这些照片进行编辑处理。上面我们讲解了一些拍摄的技巧，下面我们将详细讲解一些宝宝照片的设计制作，以便读者迅速地掌握。如图 8-5 所示为一张宝宝照片的合成效果。

■图 8-5　最终效果

148

8.2.1 宝宝照片的导入

本例中共需要用到 3 张宝宝照片，现在将他们导入。导入的步骤如下。

▶ STEP 1 执行菜单栏中的"文件"→"打开"命令（快捷键〈Ctrl+O〉），打开素材图片"宝宝 1.jpg"，如图 8-6 所示。

▶ STEP 2 执行菜单栏中的"文件"→"打开"命令（快捷键〈Ctrl+O〉），打开素材图片"宝宝 2.jpg"，如图 8-7 所示。

■图 8-6 导入"宝宝 1.jpg"

■图 8-7 导入"宝宝 2.jpg"

▶ STEP 3 执行菜单栏中的"文件"→"打开"命令（快捷键〈Ctrl+O〉），打开素材图片"宝宝 3.jpg"，如图 8-8 所示。

■图 8-8 导入"宝宝 3.jpg"

8.2.2 宝宝照片的处理

这里主要对"宝宝 2.jpg"和"宝宝 3.jpg"两张图片进行处理，"宝宝 1.jpg"不需要进行处理待合成时直接使用。处理的具体步骤如下。

> STEP 1　在 Photoshop 中打开"宝宝2.jpg"，如图 8-9 所示。

> STEP 2　在工具箱中选择裁切工具 。在属性栏中设置宽度为"800px"，高度为"800px"，分辨率设置为"300 像素"，如图 8-10 所示。

■图 8-9　打开"宝宝 2.jpg"

■图 8-10　设置属性栏的值

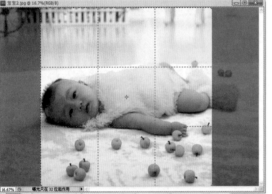

■图 8-11　裁切图片

> STEP 3　在图像中使用裁切工具，裁切大小和位置，如图 8-11 所示。

> STEP 4　在确认裁切大小和位置后按下〈Enter〉键确认。将图片裁切完成，如图 8-12 所示。

■图 8-12　裁切完成

> STEP 5　在图层面板中双击"背景"图层。弹出"新建图层"窗口。将其中的值默认不变，单击"确定"按钮确认。这样"背景"图层就转为"图层 0"，如图 8-13 所示。

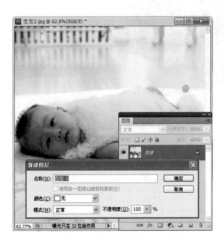

■8-13　新建图层

⊙ STEP 6 执行菜单栏中的"图层"→"图层样式"→"投影"命令，打开图层样式窗口，在投影一栏中将角度设置为 124 度，距离设置为 30 像素，大小设置为 57 像素，其他都保持默认值，如图 8-14 所示。

⊙ STEP 7 在图层样式中选中"描边"复选框。将大小设置为 3 像素，其他都保持默认值。设置完成后单击"确定"按钮确认，如图 8-15 所示。

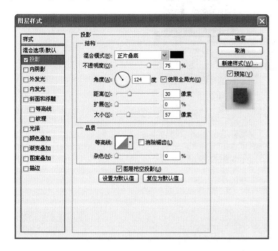 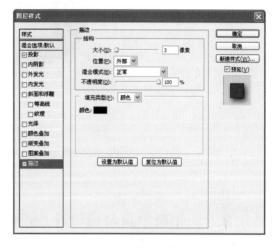

■ 图 8-14 设置"图层投影"样式　　　　■ 图 8-15 设置"描边"样式

⊙ STEP 8 这样对"宝宝 2.jpg"所做的处理已经完成，效果如图 8-16 所示。

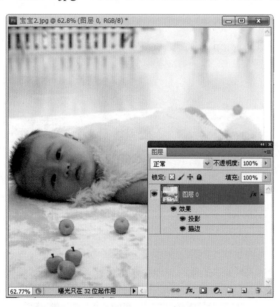

■ 图 8-16 处理后的效果

⊙ STEP 9 按照对"宝宝 2.jpg"的处理方法对"宝宝 3.jpg"进行处理。步骤同上，这里就不做重复介绍了。投影效果、描边、裁切的大小和位置如图 8-17 所示。

151

■ 图 8-17 处理后的"宝宝 3.jpg"

■ 8.2.3 相册单页合成设计

上面已经在 Photoshop 中对宝宝照片的单张做了处理，那么下一步就是把这些单张照片合成到一起，形成一个简易的相册。合成设计步骤如下。

▶ STEP 1 执行菜单栏中的"文件"→"打开"命令（快捷键〈Ctrl+O〉），打开素材图片"相册模板.psd"，如图 8-18 所示。

▶ STEP 2 执行在 Photoshop 中打开"宝宝.jpg"，如图 8-19 所示。

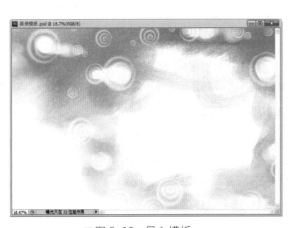

■ 图 8-18 导入模板

■ 图 8-19 打开"宝宝1.jpg"

▶ STEP 3 将"宝宝 1.jpg"图像拖入到"相册模板.psd"图像中，如图 8-20 所示。在图层面板中生成"图层 1"。

■ 图 8-20　导入图像

STEP 4　在图层面板中选中"图层 1"，单击"添加图层蒙版"按钮，如图 8-21 所示。

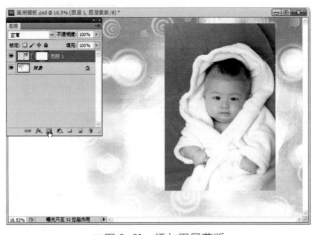

■ 图 8-21　添加图层蒙版

STEP 5　在工具箱中选择"　　画笔工具"，设置前景色的颜色为"黑色"，如图 8-22 所示。

■ 图 8-22　使用画笔工具

STEP 6　在图像中"宝宝"的周围使用"画笔工具"，如图 8-23 所示。

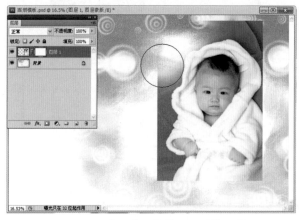

■图 8-23　在人物周围使用"画笔工具"

STEP 7　在图像中将宝宝原有背景全通过"画笔工具"涂抹掉，如图 8-24 所示。

■图 8-24　涂抹掉"宝宝"身边的背景

STEP 8　将"宝宝 2.jpg"和"宝宝 3.jpg"导入到"相册模板.psd"中，并放置于如图 8-25 所示的位置。

■图 8-25　导入图片

⊙ STEP 9　下面来给相册加入文字，在工具箱中选择"文字工具"。在属性栏中设置字体为"方正华隶简体"，可根据喜好来选择不同字体。字体大小设置为"72点"。其他都保持默认设置，如图8-26所示。

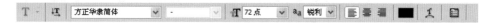

■图8-26　选择文字工具

⊙ STEP 10　下面在图像中添加文字，添加位置如图8-27所示。

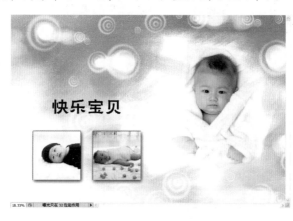

■图8-27　添加文字

⊙ STEP 11　在图层面板中选中"快乐宝贝"文字图层。执行菜单栏中的"图层"→"图层样式"→"投影"命令，打开"图层样式"窗口，在投影一栏中将角度设置为124度，距离设置为20像素。大小设置为5像素。其他都保持默认值，如图8-28所示。

⊙ STEP 12　在图层样式窗口中选择"外发光"复选框。将杂色中的颜色设置为白色（R: 255，G: 255，B: 255）。其他保持默认值，如图8-29所示。

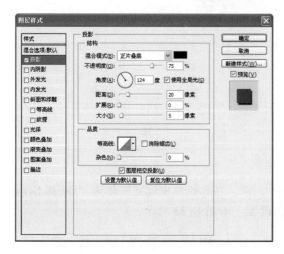

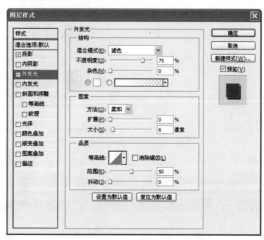

■图8-28　设置"投影"样式　　　　■图8-29　设置"外发光"样式

⊙ STEP 13 在图层样式窗口中选择"渐变叠加"复选框。渐变的 3 个颜色设置如图 8-30 所示。其中左侧颜色为 R: 240, G: 37, B: 237。中间颜色为 R: 124, G: 9, B: 226。右侧颜色与左侧一致,设置完成后单击"确定"按钮确认。

⊙ STEP 14 渐变颜色设置完成了,在渐变映射选项卡中在样式下拉菜单中选择"对称的",将角度设置为"180度",如图 8-31 所示。

■图 8-30 设置渐变颜色　　　　　■8-31 设置渐变映射样式

⊙ STEP 15 设置完成以上效果后单击"确定"按钮确认,效果如图 8-32 所示。

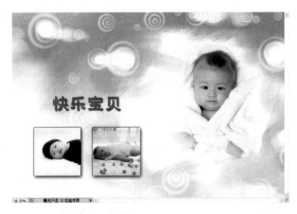

■图 8-32 文字效果

⊙ STEP 16 继续选择工具箱中的"T文字工具"。在属性栏中设置字体为"Brush Script Std",字体大小设置为"30点"。其他保持默认设置,如图 8-33 所示。

■图 8-33 设置字体属性

> STEP 17　在"快乐宝贝"文字下方加入文字"Happy Baby"。图层样式设置与"快乐宝贝"一致。这样本例就设计完成了，效果如图 8-34 所示。

■ 图 8-34　最终效果

8.3　宝宝电子相册制作

要将宝宝相册制作成可播放的电子相册，可用的软件很多，这里我们主要介绍使用会声会影 X2 来制作电子相册。会声会影是一套操作简单、功能强悍的影片剪辑软件。利用它，宝宝相册就会很快变成一个可播放的电子相册。

操作步骤如下。

> STEP 1　首先在 Windows XP 中执行"开始"→"所有程序"→"Corel VideoStudio 12"→"Corel VideoStudio 12"命令。打开会声会影 X2 的主界面，如图 8-35 所示。

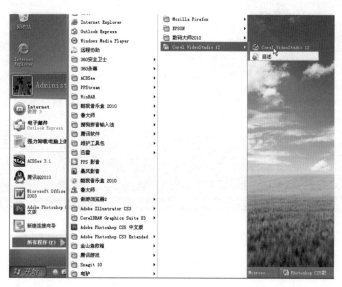

■ 图 8-35　打开会声会影 X2

⊙ STEP 2　在主界面中有三个选项 "会声会影编辑器"、"影片向导"、"DV 转 DVD 向导"，如图 8-36 所示。其中 "会声会影编辑器"、"影片向导" 两项可编辑制作影片。"DV 转DVD 向导" 为从数码相机中采集视频所用到的选项。这里我们主要讲解 "会声会影编辑器" 的操作方法。

■图 8-36　会声会影主界面

⊙ STEP 3　在会声会影主界面中选择 "会声会影编辑器" 选项。打开 "会声会影编辑器" 主窗口，如图 8-37 所示。

■图 8-37　"会声会影编辑器" 主窗口

⊙ STEP 4　在最下方的 "项目时间轴" 处单击鼠标右键执行 "插入图像" 命令，如图8-38 所示。

■ 图 8-38 插入图像

(▶) STEP 5   在弹出的"打开图像文件"窗口中选择需要制作的宝宝照片所在的目录，用鼠标左键进行选取，单击"确定"按钮确认，如图 8-39 所示。

■ 图 8-39   导入照片

(▶) STEP 6   导入完成后图像显示在"项目时间轴"中，如图 8-40 所示。

■ 图 8-40   导入照片完成

⊙STEP 7　在菜单栏中选择"效果"选项卡，选择一种"转场特效"，如图 8-41 所示。

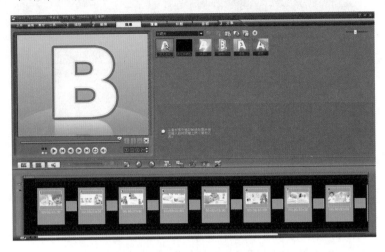

■图 8-41　选择"专场特效"

⊙STEP 8　将转场特效拖入到时间轴中的两个素材之间，如图 8-42 所示。

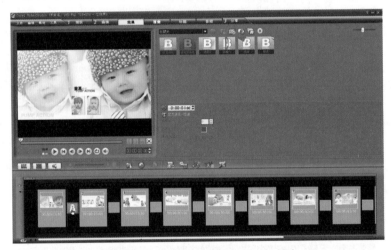

■图 8-42　将转场特效导入到时间轴中

⊙STEP 9　选择更多的转场特效将他们分别导入到其他所有时间轴中的素材中间，如图 8-43 所示。

■图 8-43　导入更多的转场特效

⊙STEP 10　在菜单栏中选择"标题"选项卡。选择喜欢的"字幕效果"，如图 8-44 所示。

■图 8-44　选择一个"字幕效果"

▶STEP 11　将选择好的"字幕效果"拖入到时间轴的"标题轨 1"或"标题轨 2"中，如图 8-45 所示。

▶STEP 12　双击屏幕中显示的字体，输入文字，如图 8-46 所示。

■图 8-45　将"字幕效果"拖入"时间轴"

■图 8-46　对字幕进行文字编辑

▶STEP 13　拖动字幕将其放到合适的位置，还可对字幕的 8 个角进行拖动对文字进行大小设置，如图 8-47 所示。

■图 8-47　设置字幕位置与大小

⊙STEP 14　在菜单栏中选择"音频"选项卡。选择喜欢的"音频效果"，如图 8-48 所示。

■图 8-48　选择一个"音频效果"

⊙STEP 15　将选择好的"音频效果"导入到时间轴中的"声音轨"中。并拖动"音频效果"的末端与最后一个素材保持位置的一致，如图 8-49 所示。

■图 8-49　将"音频效果"拖入时间轴中

⊙STEP 16　在菜单栏中选择"分享"选项卡，如图 8-50 所示。

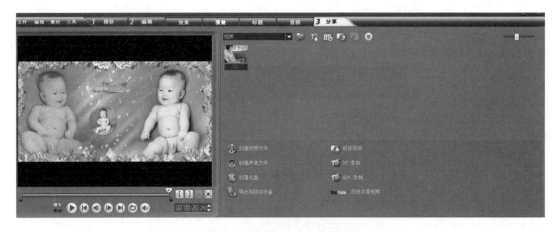

■图 8-50　选择"分享"选项卡

⊙STEP 17　选择"创建视频文件"下拉菜单，如图 8-51 所示。

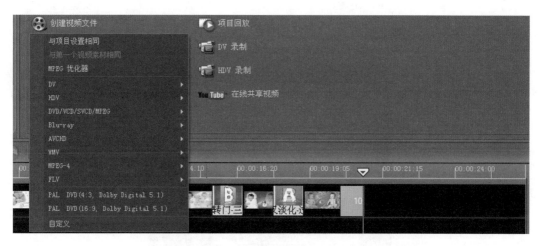

■图 8-51 选择"创建视频文件"下拉菜单

⊙ STEP 18 　在下拉菜单中选择"DVD/VCD/SVCD/MPEG" → "PAL 4:3",如图 8-52 所示。

⊙ STEP 19 　在打开的"创建视频文件"对话框中设置视频的文件名与保存路径,如图 8-53 所示。

■图 8-52 选择创建视频文件类型

■图 8-53 保存视频路径

⊙ STEP 20 　等待视频渲染,如图 8-54 所示。

正在渲染: 90% 完成... 按 ESC 中止。

■图 8-54 进行视频渲染

STEP 21　视频渲染完成后，电子相册就完成了，如图 8-55 所示。

■图 8-55　电子相册制作完成

第9章

数码照片后期制作
与光盘刻录

精美的照片令人爱不释手，动人的画面让人耳目一新。随着数码相机的日益普及，数码照片的后期制作也越来越受到了人们的重视，很多朋友不仅需要把照片打印出来，而且还通过网上相册和光盘的刻录来播放和传播。Photoshop 就能满足上述要求。Photoshop 既可以用来设计图像，也可以对图像进行修改和处理，还可以配合其他一些设备进行输入和输出，如打印机、刻录机等。只要掌握好使用的步骤和方法，Photoshop 很快就会成为网络兼职的最佳助手。本章重点阐述如何快速利用 Photoshop 进行打印和刻录以及建立网上相册等知识，以实现数码照片的精彩呈现。

9.1 打印数码照片

作为一名 Photoshop 设计人员，经常会遇到一些打印文档和照片的情况，文档打印起来比较简单，然而照片可就不同了，尤其是一些用于证件的规格照片和艺术照片。这里就关系到照片的输出设备打印机。

照片打印机的输出质量不仅仅与打印机的自身性能有关，还与要打印的原始图像质量有关，有些低分辨率的数码照片，打印出来的效果肯定不会好到哪里去，如果要输出普通照片大小的图像，建议保证图片的分辨率在 1280 像素×1024 像素以上。下面将就照片打印的方式和方法做一些介绍，希望读者可以从中获益。

■ 9.1.1 输出照片的打印机

近两年随着打印机价格的下降，家庭及个人用户成为了厂商争夺的主要客户群。如果觉得把照片存在计算机里总是不放心的话，不妨就把它打印出来吧，而每次打印都选择去快印店将是一笔不小的花费。购买一台家用的照片打印机可以节省一大笔开销，足不出户就可以轻松打印自己喜欢的照片。随着打印机技术的发展，目前市场上的家用照片打印机都越来越趋向于高性能、低价格、低使用成本，这就使得家用照片打印机的性价比越来越高。目前市场上常见的照片打印机主要有："喷墨打印机"、"热升华打印机"、"彩色激光打印机"。

1. 喷墨打印机

照片级别的喷墨打印机有台式机型和便携机型这两种。所谓便携机型的喷墨打印机（如图 9-1 所示）往往能够脱离计算机，用户可随意移动打印，通常适用于旅游、移动办公等即时打印；所谓台式机型的喷墨打印机往往只能固定在一个位置放置，并与计算机相连接，如图 9-2 所示。家用喷墨打印机具有低价格、打印效果良好、打印速度快等优势，同时还具有更为灵活的纸张处理能力。在打印介质的选择上，喷墨打印机既可以打印信封、信纸等普通介质，还可以打印各种胶片、照片纸等特殊介质。

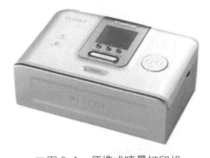

■图 9-1　便携式喷墨打印机　　　　　■图 9-2　台式机型喷墨打印机

2. 热升华打印机

热升华打印机的工作原理是将四种颜色（青色、品红色、黄色和黑色，简称 CMYK）的固体颜料（称为色卷）设置在一个转鼓上，这个转鼓上面安装有数以万计的半导体加热元件，当这些加热元件的温度升高到一定程度时，就可以将固体颜料直接转化为气态（固态不经过液化就变成气态的过程称为升华，因此这种打印机被称为热升华打印机），然后将气体喷射到打印介质上。每个半导体加热元件都可以调节出 256 种温度，从而能够调节色彩的比例和浓淡程度，实现连续色调的真彩照片效果，如图 9-3 所示。

3. 彩色激光打印机

彩色激光打印机是在普通单色激光打印机的黑色墨粉基础上增加了黄、品红、青三色墨粉，并依靠硒鼓感光四次，分别将各色墨粉转移到转印硒鼓上，转印硒鼓再将图形转印到打印纸上面，达到输出彩色图形的目的。相对于热转换彩色打印机，彩色激光打印机是一款低成本、高效率的优质彩色打印输出设备，如图 9-4 所示。

■图 9-3　热升华打印机

■图 9-4　彩色激光打印机

9.1.2　用 Photoshop 打印照片

图像打印输出实际上是一个很复杂的过程，但进行普通的图像打印，就无需掌握那么多的专业知识，使用 Photoshop 只需要掌握简单的几个步骤，就可以得到令人满意的效果。

打印的操作步骤如下。

▶ STEP 1　打开 Photoshop CS5 界面，如图 9-5 所示。

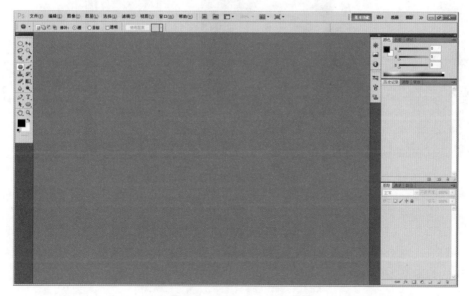

■图 9-5　Photoshop CS5 界面

STEP 2 执行菜单栏"文件"→"打开"命令，如图 9-6 所示。

STEP 3 在计算机里找到需要打印的图像，如图 9-7 所示。

■图 9-6 单击打开

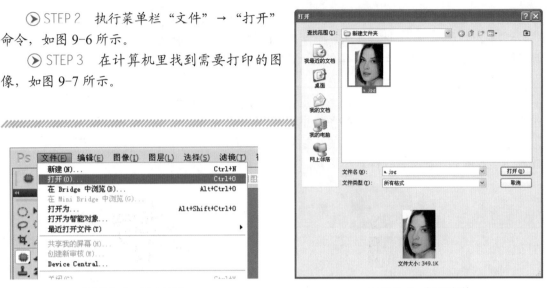

■图 9-7 打开文件

STEP 4 现在可以在界面中看到待印的图像了，执行菜单栏"图像"→"图像大小"命令，如图 9-8 所示。

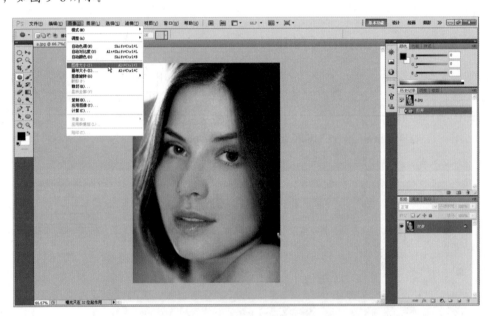

■图 9-8 单击图像大小

STEP 5 在图像大小设定中，在"重定图像像素"复选框前打勾，如图 9-9 所示。

STEP 6 在分辨率一栏里填入当前打印机打印分辨率的数值为 150 。单击"确定"按钮确认，如图 9-10 所示。

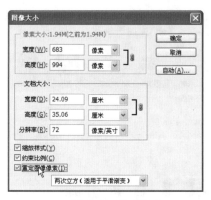

图 9-9　重定像素

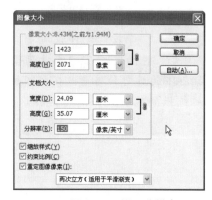

图 9-10　设置分辨率

▶ STEP 7　执行菜单栏"文件"→"打印选项"命令，打开"打印"对话框。此时可以对打印效果进行预览，如图 9-11 所示。

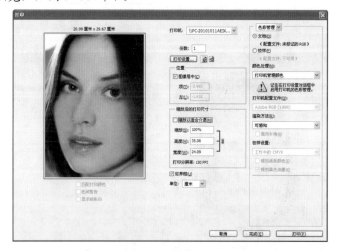

图 9-11　打开"打印"对话框

▶ STEP 8　在"缩放以适合介质"复选框前打勾，以保证全图打印，如图 9-12 所示。

图 9-12　全图打印

■ 图9-13 打印设置

STEP 9 单击"打印设置"按钮,打开"打印设置"对话框,在"质量选项"一栏中可选择打印的类型和质量。在打印纸选项一栏中可对纸张质地和大小进行选择,如图 9-13 所示。

STEP 10 设置完成后,单击"确定"按钮回到"打印"对话框。在打印对话框中单击"打印"按钮即可打印,如图 9-14 所示。

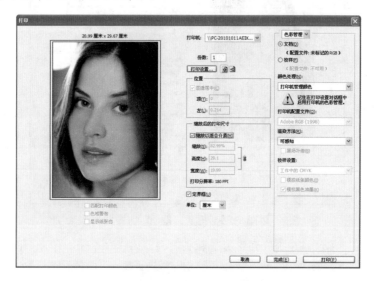

■ 图9-14 单击"打印"按钮

9.2 在网上建立相册

随着数码相机的普及,现在拍照片是越来越方便了,不过想把自己拍的照片和朋友们分享时,麻烦就来了。不论是把照片打印出来寄给朋友们,还是通过 E-mail 发送都比较麻烦。给自己建立一个可以自由分享照片的网络相册,就可以足不出户及时和朋友分享自己的照片。因为现在大多数人都有自己的 QQ 账号,所以下面以腾讯 QQ 相册为例,为大家讲解如何在网上建立自己的相册。

操作步骤如下。

> STEP 1 选择相关的网站。很多网站都设有建立"电子相册"的功能,如腾讯、雅虎、163 或 TOM 等网站。网站是否设置有电子相册的功能,可从该网站的首页的目录中看到,也可在进入信箱页面后,从其左边的列表中看有无"相册"的字样,如腾讯网站的首页中就有"相册"链接,如图 9-15 所示。

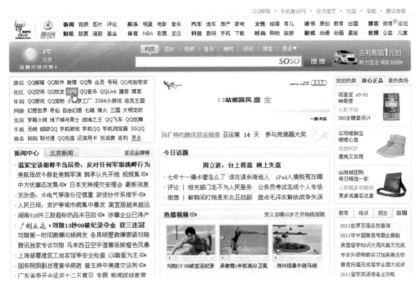

■ 图 9-15 腾讯首页

> STEP 2 进入 QQ "相册"的页面:在登录 QQ 相册下方的文本框内输入 QQ 账号和 QQ 密码。单击"登录"按钮进入 QQ 相册主界面,如图 9-16 所示。

■ 图 9-16 登录 QQ 相册

STEP 3　进入 QQ 相册主界面后，如要添加照片需先新建相册，这里我们单击"新建相册"按钮，如图 9-17 所示。

■ 图 9-17　QQ 相册主界面

STEP 4　在新建相册页面中输入相册的名称、说明，并选择相册是否公开，单击"确定"按钮完成新建相册，如图 9-18 所示。

■ 图 9-18　新建相册

STEP 5　在 QQ 相册界面中可以看到页面已经在刚刚建立的相册主题下。单击"上传照片"按钮，如图 9-19 所示。

■ 图 9-19　"近期照片"相册

STEP 6　在上传照片页面中，单击"浏览"按钮打开选择文件窗口，如图 9-20 所示。

■ 图 9-20　上传照片

图 9-20　上传照片

⊙ STEP 7　在选择文件窗口中选择需要上传的文件。选择完成后单击"打开"按钮将文件路径添加到上传文本框内，如图 9-21 所示。

■ 图 9-21　选择照片文件

⊙ STEP 8　在上传照片页面中还可对照片添加标签，当然不添加也没关系。添加完成后单击"确定"按钮将图片上传到相册内，如图 9-22 所示。

■ 图 9-22　为图片添加标签

⊙ STEP 9 到这一步，照片已经添加到相册内，如图 9-23 所示。

🔳 图 9-23 照片添加相册

⊙ STEP 10 按照上述操作将更多照片添加进相册，如图 9-24 所示。

🔳 图 9-24 添加更多照片

⊙ STEP 11 回到我的相册页面下，可以看到这个相册已经建立完成。如要建立更多相册可按照上述方法继续建立，如图 9-25 所示。

🔳 图 9-25 相册建立完成

9.3 电子相册的光盘刻录

由于数码相机的普及，很多人都有不少精彩动人的数码照片。想把这份快乐和激动与朋友分享吗？很多人的第一反应是通过互联网把照片传给亲朋好友。但是，受到容量和网络速度的限制，把一张张照片传来传去实在是痛苦不堪。用 U 盘吧，传播速度和范围又比较有限，再加上父母不太懂计算机，看来数码照片的传播优势还比较难以体现呢！如果刻录一张光盘，人人都能看，而且还可以加上动听的音乐、别致的特效，保证让家人、朋友看得羡慕不已。

要想刻录一份属于自己的精美电子相册，一些必要的准备工作肯定是少不了的。首先需要一台计算机，最好配有 DVD 刻录功能的刻录机。其次，还需要一款功能强大但是使用简单的电子相册制作软件。由于 Photoshop 软件本身同时具备了图像的导入、剪裁、效果处理、音频的添加以及 VCD、DVD 直接刻录的功能，因此只要大家按照下面方法来操作，完全可以实现"轻松一刻"。

9.3.1 光盘盘面设计

由于刻录机及光盘价格的下降，现在越来越多的人都自己烧制光盘了。因而也就有很多人希望自己的光盘能够体现自己的个性，并且能够根据内容的不同有不同的封面。本节实例就是讲述如何利用 Photoshop 自己设计光盘的封面，使其可以充分展现作者的个性和光盘的内容，其最终效果如图 9-26 所示。

■图 9-26 光盘盘面

操作步骤如下

▶ STEP 1 执行菜单栏中的"文件"→"新建"命令，打开新建窗口。新建一个 500 像素×500 像素大小的文件，如图 9-27 所示。

■图 9-27 新建文件

▶ STEP 2　首先要绘制一个正圆选区，为了保持所画的圆在整个画布中心，所以按〈Ctrl+R〉快捷键调出标尺。在标尺位置拉出横竖两条参考线放置于图像中心。在工具箱中选择椭圆选区工具 ⬭，将光标放置于两条参考线的交叉点。按住〈Shift+Alt〉键（Shift 键是为了保持正圆、Alt 键是从圆心开始画圆），并按住鼠标左键向外拖动。这样可以从中心绘制出一个正圆，如图 9-28 所示。

▶ STEP 3　在工具箱中单击"默认前景色和背景色"按钮 ▣，然后按下〈Ctrl+J〉快捷键。复制当前图层选区到新图层。在图层面板中隐藏背景图层，如图 9-29 所示。

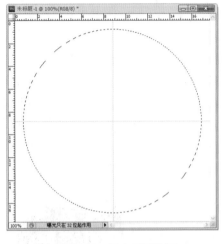

■ 图 9-28　画出正圆选区

■ 图 9-29　创建"图层 1"

▶ STEP 4　在图层面板中选择"图层 1"图层。按照上面的方法再绘制一个同心圆选区。并按〈Delete〉键删除中间的小圆，如图 9-30 所示。

▶ STEP 5　按住〈Ctrl〉键用鼠标选择图层面板中的"图层 1"图层，即可将图层的非透明部分选中为选区。执行菜单栏中的"选择"→"修改"→"收缩"命令，打开收缩对话框。将收缩量设置为 4 像素，如图 9-31 所示。

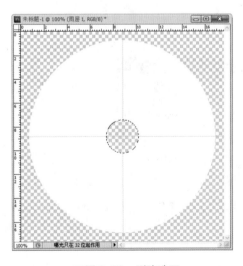

■ 图 9-30　删除选区

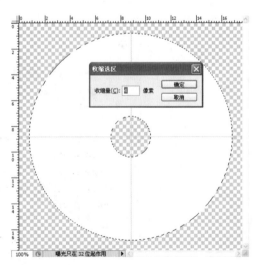

■ 图 9-31　收缩选区

⊙ STEP 6 按住键盘上的〈Ctrl+J〉快捷键生成"图层 2",并选择工具箱中的" 🎨 油漆桶工具",将选区填充为黑色,如图 9-32 所示。

⊙ STEP 7 再次按住〈Ctrl〉键用鼠标选择图层面板中的"图层 1"图层。执行菜单栏中的"图层"→"图层样式"→"描边"命令,打开"图层样式"对话框。在描边选项栏中将大小设置为 1 像素,如图 9-33 所示。

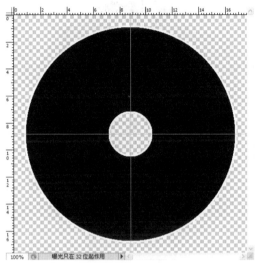
■ 图 9-32 填充选区

■ 图 9-33 将选区描边

⊙ STEP 8 打开一幅照片将其拖入到光盘封面这个图像中。在图层面板中将其图层设置在"图层 2"的下方并调整其位置,如图 9-34 所示。

⊙ STEP 9 按住〈Ctrl〉键用鼠标选择图层面板中的"图层 2"图层。执行菜单栏中的"选择"→"相反"命令来反选选区,如图 9-35 所示。

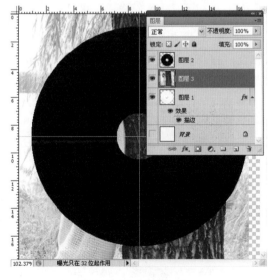
■ 图 9-34 拖入照片

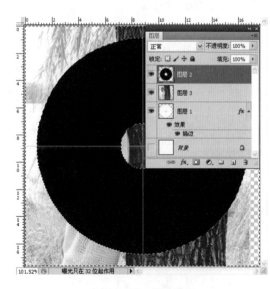
■ 图 9-35 反选选区

STEP 10 在图层面板中选择"图层3"图层。按下〈Delete〉键删除多余图像。将"图层2"删除，如图9-36所示。

STEP 11 执行菜单栏中的"图层"→"拼合图像"命令，对三个图层进行拼合。这样本例的制作就完成了，如图9-37所示。

■ 图9-36 删除图层

■ 图9-37 最终效果

9.3.2 光盘的刻录

刻录也叫烧录，就是把想要的数据通过刻录机等工具刻制到光盘、烧录卡（GBA）等介质中。刻录机的使用方法很简单，只要在操作系统中进行，就可以完成刻录的操作。准备工作都做好后，把空白盘放入刻盘机就可以进行刻录了。把空白盘放入到刻录机的托盘中要使用以下方法，而不要随手乱放。

刻录光盘的步骤如下。

STEP 1 用拇指和中指卡住空白盘两侧轻轻提起，食指可在必要时压在光盘有标签的一面，起稳定作用，如图9-38所示。

STEP 2 按下刻录机按钮，使刻录机弹出托盘，当托盘弹出后，将食指插入光盘的圆孔，与拇指配合夹紧光盘，将其轻轻放入托盘的圆形凹槽中，如图9-39所示。

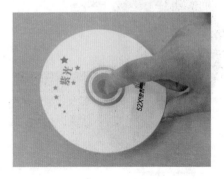

■ 图9-38 拿起光盘

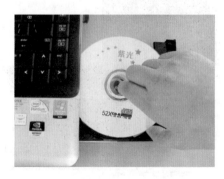

■ 图9-39 放入光盘

off

178

⊙ STEP 3 按下刻录机上的"打开/关闭"按钮,将光盘放入其中,如图 9-40 所示。

⊙ STEP 4 此时系统会自动弹出"自动播放"对话框,如图 9-41 所示。

■图 9-40 将光盘插入光驱

■图 9-41 弹出对话框

⊙ STEP 5 单击执行"将文件刻录到光盘"命令,弹出"刻录光盘"对话框。在"光盘标题"文本框中输入光盘标题,如图 9-42 所示。

⊙ STEP 6 单击"下一步"按钮,弹出"正在格式化"对话框,如图 9-43 所示。

■图 9-42 输入光盘标题

■图 9-43 格式化

⊙ STEP 7 格式化完成后,弹出"选择文件"对话框,如图 9-44 所示。

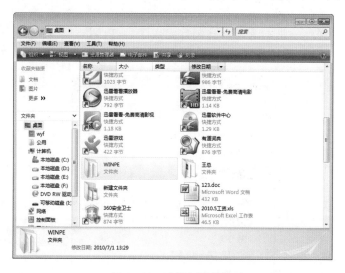

■图 9-44 选择刻录的照片

⊙ STEP 8 选择完成后,单击"选择文件"对话框上的刻录按钮 刻录,进行刻录。

⊙ STEP 9   刻录过程中，系统会自动弹出剩余时间对话框，表示文件正在刻录，如图 9-45 所示。

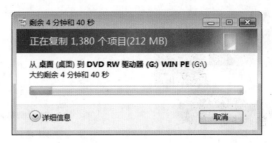

■图 9-45   开始刻录

⊙ STEP 10   刻录完成后，系统会自动弹出刻录光盘里的文件对话框，如图 9-46 所示。

■图 9-46   刻录完成

⊙ STEP 11   这样，一张刻录光盘就制作完成了。可以执行"打开文件夹以查看文件"命令，来查看刻录光盘里的文件，如图 9-47 所示。

■图 9-47   查看刻录内容